U0010527

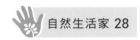
自然生活家 28

N A N   H O   Y U E H

南和月的 手工皂提案

30 款獨具匠心的創皂手法

南和月 著

晨星出版

目錄 Contents //

//

推薦序 //

在民國 101 年，為了工會即將開辦的「手工皂專業講師」訓練課程，經由麗娟理事之引薦認識了娜娜媽。當我將辦訓理念娓娓道出，委請娜娜媽為工會協尋專業級手工皂師資達人來教學授課時，娜娜媽二話不說，立即推薦了南和月這位大師來讓我認識。為學員提升手工藝技能、增進專業知識是身為工會理事長的重責大任，大好機緣下，怎能放過如此優秀的老師呢！當時也就立即委請娜娜媽幫忙，邀請南和月老師至工會來教學授課。

初見南和月老師，是在手工皂師資班的捲捲皂課程上，迎面而來的笑容與輕鬆的語調，讓人頓時卸下心房，就如同自家大姊般和藹可親。當南和月老師穿起她的招牌圍裙上台開講時，聲音一出，馬上就和所有的學員打成一片，真的是太神奇了！

南和月老師的瑞士蛋糕造型捲捲皂，將皂片層層疊疊，創「皂」出令人莞爾的作品。該諧幽默的教學方式，讓課堂中總是笑聲連連；透過實作示範，指導各項「眉角」，讓大家嘖嘖稱奇；如此專業且有趣的教學方式，讓學員在歡愉且不捨中，也帶著歡笑結束。

南和月老師厲害的可不止捲捲皂而已，運用線刀特性的馬賽克皂，裁切出不同的幾何圖形，連魔術方塊都會感到汗顏。這次老師出書，集結了多年做皂的武功祕笈，細細分享各種經驗，並將多年來的心血結晶及豐富的經驗於新書中建議分享，非常感謝南和月老師，也期待她的新作品，能為手工皂添上另一款迷人的風采。

新北市手工藝業職業工會理事長
吳聰志

創意，像是一個魔法師，而將創意融入手工皂裡，需要有好的邏輯思考概念。

南和月老師是一位充滿創意的手工皂師，從可愛的捲捲皂到經典的馬賽克拼貼皂，處處顯出恣意不受限的想像空間，流動美學渲染皂更是手工皂天馬行空的最佳表現，大家在書裡可以看到各種不同技法的變化，這是一本值得擁有的手工皂工具書，恭喜南和月老師的新書上市，祝銷售長紅。

娜娜媽

第一次見到南和月老師是參加手工皂專業講師班（台中班），雖然之前從未上過南和月老師的課，但在多次互動下發現，老師不但為人親切，待人和善又平易近人，而且我最喜歡跟她說台語，總覺得她就像是自家大姐般溫馨、親切。

遠嫁馬來西亞已快 25 年了，每次回台灣探親和進修時，老師時常很有耐心地與我分享各種作皂的獨門訣竅和技巧，看似簡單的成品，卻隱藏著複雜的細節和多種技法的交疊使用。她的皂結合了各種技法、運用巧思而創作獨樹一格的皂款，都值得讓我們更進一步的學習與研究。

此次新書的每種皂款都有高超的獨門技巧大公開，還有無私的技法分享，加上清楚明瞭的詳細解說，是手工皂書籍的經典之作，藉此大力推薦給所有讀者，此書真的非常值得珍藏。

馬來西亞 Julia Soap Garden ／ Julia Tseng.

推薦序 //

身為打皂一族，當遇見南和月老師，她開啓了我打皂人生的另一頁，帶領我優游皂海中的藝術天堂。

馬賽克皂有時質樸如一堵古色古香的紅磚牆，有時又炫目如多彩的魔術方塊，令人神馳；圓滾滾的捲捲皂，皂型像色彩繽紛的瑞士捲蛋糕，可愛得令人食指大動；自然流渲皂更是以不同的優美花紋，呈現千變萬化之姿，將渲染皂之美帶入最高境界，創皂奇蹟。

老師在手工皂領域中一向引領風潮，今投注極大時間與心思的新作終於出版，相信這本新書定是皂友們必須收藏的經典祕笈。

皂友　吳青蓮

南和月老師是我的手工皂老師，她的創意發想與嶄新手法，每每讓我嘖嘖稱奇與甘拜下風。

老師獨創的馬賽克皂與捲捲皂，引領皂圈風潮，當初我們這些學生是排隊癡癡地等老師開班授課。在渲染皂與分層皂等其他課堂中，老師也是知無不言，言無不盡，毫無保留地將技巧與原理傾囊相授，上她的課，總有豁然開朗，不再鬼打牆的領悟。

花若盛開，蝴蝶自來；在盛行抄襲與快速複製的時代裡，老師在手工皂這個領域所具有的獨創性與鑽研精神，對我而言，是無人能望其項背的。老師這次出版新書，集結了各種做皂的技巧與創意的實現，集所有課程之大成，我有點相見恨晚的遺憾，如果老師早點出書，那我們就不用苦追著老師開課了。對於做皂有興趣的初學者或是想進階學習手工皂美學的人，這本書都是最好的引導，極佳的工具。

皂友　林妙菁

作者序 //

　　我熱愛手作，因為它能在繁雜的生活中帶給我心靈的沉澱。每當在愉悅心情下，手持攪拌器，投入滿滿的愛心與無毒素材，體會油與鹼交會融合所產生的化學變化，其所帶來的奇妙感受與感動更是激發我不斷前進的動力。

　　手工皂世界裡，結合了科學、藝術與生活創意等元素在這方寸之間，或許有些人會認為直接購買市售的肥皂不是更為便利，然而這幾年隨著環保意識的抬頭，開始有人體認到這些含有界面活性劑、增稠劑、泡沫安定劑的合成洗滌用品不僅會造成環境負擔，甚至長期使用也會對人體造成不良影響。

　　在崇尚天然無毒的氛圍下，手工皂因不含這些石化原料，縱使洗滌後所排放到河川湖泊的廢水也容易被微生物分解，因此有越來越多人開始接受及投入手工皂領域。

　　本書內容是我在從事多年教學活動時，收集同學們的反應與意見，將廣受好評的皂方及最喜愛的皂型、皂款集結而成的精華，希望透過這本書能與喜愛手工皂的同好一起分享、交流。

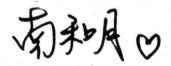

CHAPTER
01

打皂先修課

製皂方程式

手工皂的形成可用化學式來說明：

$$油脂＋（氫氧化鈉＋水）＝肥皂（脂肪酸鈉鹽）＋甘油$$

氫氧化鈉需先與水溶解完全才能加入油脂中，絕不可將氫氧化鈉加入油脂中再加入水，因為氫氧化鈉尚未解離成 Na^+ 與 OH^-，這樣油脂中的脂肪酸是無法反應完全，會變成一塊不適用的皂體。

由上述可知製皂三大元素為油脂、氫氧化鈉、水，缺一不可。

1. 油脂

只要有脂肪酸的成分皆可，例如：植物油有椰子油、橄欖油、棕櫚油、植物性白油、甜杏仁油、榛果油、酪梨油、可可脂、乳油木果脂等；動物性有馬油、牛脂、豬脂、羊油、雞油、鵝油等；天然蠟有蜂蠟、勘地里拉蠟、花蠟、黃金荷荷芭油（液態蠟）等。

礦物油、機油、汽油雖是油品，但皆屬於石化產品，是石油提煉後的產物，不適合當作手工皂的材料。

趣味一下

我在一次授課中，詢問同學有哪些油品可以入皂，當大家回答的很踴躍之際，突然聽到一位年輕學員開心的說還有醬油。醬油是沒有皂化價的，無法作為油品來入皂，但它卻可以拿來當作溶氫氧化鈉的水相喔！

2. 氫氧化鈉

化學式 NaOH，屬強鹼。易溶於水也易吸附空氣中的水氣，能與酸反應，皆會釋放出大量的熱。除此之外，氫氧化鈉能夠腐蝕一些金屬（如鋁）生成易燃的氫氣，還能夠輕度腐蝕玻璃製品，故應慎選儲存氫氧化鈉的容器材質，以不鏽鋼鍋或 PP5 號的塑膠容器為佳。

氫氧化鈉區分如下

固態		液態
片鹼（鹼片）	純度 95 ～ 98%	鹼液（液鹼），亦有人稱之為海洋萃取液，32% ～ 49% 都有製作，但手工皂店家大多販售 45%。
粒鹼	純度 98 ～ 99%	
試藥級	純度 100%	

片鹼

粒鹼

試藥級氫氧化鈉

鹼液

＊本書皆採用粒鹼製作

若以鹼液操作方法如下

45% 的鹼液為 100g 的鹼液中占了 45g 氫氧化鈉，也就是 100g 的鹼液其成分為 45g 氫氧化鈉＋ 55g 水。

鹼液用量＝粒鹼用量／ 45%

示範皂方

粒鹼用量：87g，純水用量：200g

轉換鹼液計算方式如下：

鹼液用量：87g（粒鹼用量）／ 45% ＝ 193g

鹼液中純水：193g×55% ＝ 106g

需補足之水量：原水量 200g －鹼液中的水量 106g ＝ 94g

驗算方式

粒鹼用量＋純水用量＝鹼液用量＋應補水量

87g ＋ 200g ＝ 193g ＋ 94g

3. 水相

能將氫氧化鈉溶解的液體皆稱為水相，例如：純水（純水冰塊亦可）、母乳、豆漿、中藥材煮水、純露、果汁、酒、咖啡等。

當氫氧化鈉遇到冰塊即會放熱，溫度升高，二者很容易互溶且較不會有異味產生，為保護我們的呼吸道，所以將液體結成冰塊是很值得一試的好方法。

溶解氫氧化鈉時要記得攪拌，若忽略了此步驟，氫氧化鈉可能會沉澱在容器底部結成一大塊，徒增困擾。

＊本書皆用冰塊溶鹼

配方計算方式：

一、先查明油脂的皂化價與 INS 值。

各種油脂皂化價與 INS 值一覽表

中文名稱	英文名稱	皂化價（氫氧化鈉）	INS
椰子油	Coconut Oil	0.19	258
棕櫚核仁油	Palm Kernel Oil	0.156	227
可可脂	Cocoa Butter	0.137	157
（紅）棕櫚油	（Red）Palm Oil	0.141	145
苦楝油	Neem Oil	0.1387	124
澳洲胡桃油	Macadamia Nut Oil	0.139	119
乳油木果脂	Shea Butter	0.128	116
白油	Shortening	0.135	115
橄欖油	Olive Oil	0.134	109
山茶花油	Camellia Oil	0.136	108
酪梨油	Avocado Oil	0.134	99
甜杏仁油	Sweet Almond Oil	0.136	97
蓖麻油	Castor Oil	0.1286	95
榛果油	Hazelnut Oil	0.1356	94
開心果油	Pistachio Nut Oil	0.1328	92
杏桃核仁油	Apricot Kernel Oil	0.135	91
蜜蠟	Beeswax	0.069	84
芝麻油	Sesame Oil	0.133	81
米糠油	Rice Bran Oil	0.128	70
葡萄籽油	Greap Seed Oil	0.1265	66

葵花籽油	Sunflower Seed Oil	0.134	63
小麥胚芽油	Wheat Germ Oil	0.131	58
芥花油	Canola Oil	0.1324	56
紅花籽油	Safflower Seed Oil	0.136	47
玫瑰果油	Rose Hip Oil	0.1378	16
荷荷芭油	Jojoba Oil	0.069	11

＊本表格以 INS 數值由大至小排列

＊氫氧化鉀之皂化價（值）為氫氧化鈉 *1.4

二、計算公式：

（範列）

馬賽皂計算表　（油品總重 600 g）						
	A	B	C	D	E	F	G
1	油品	重量	皂化價	NaOH	INS	百分比	硬度
2	椰子油	108	0.19	20.52	258	18%	46.44
3	棕櫚油	60	0.141	8.46	145	10%	14.5
4	橄欖油	432	0.134	57.888	109	72%	78.48

NaOH D2+D3+D4	86.86g	水量使用比例參考 （可依自己的習慣與經驗作水量上下調整）
INS 值 G2+G3+G4	139.42	INS120 ～ 130，水量 2 倍～ 2.2 倍 INS130 ～ 140，水量 2.3 倍～ 2.4 倍 INS140 ～ 150，水量 2.4 倍～ 2.5 倍
水相重量 NaOH×2.3 ～ 2.4	206g	INS150 ～ 160，水量 2.5 倍～ 2.6 倍 INS160 ～ 170，水量 2.6 倍～ 2.7 倍 INS 170 以上，水量 2.7 倍～ 3 倍

1. 先設計要作總油量多少的皂方，以範例得知油品總重為 600g。

總皂液量 / 1.5 ≒ 油品重量。

2. 求皂方中各項油品所需之重量＝總油重 * 百分比

$\boxed{B2}$ 椰子油用量＝ 600× $\boxed{F2}$ 18% ＝ 108g

$\boxed{B3}$ 棕櫚油用量＝ 600× $\boxed{F3}$ 10% ＝ 60g

$\boxed{B4}$ 橄欖油用量＝ 600× $\boxed{F4}$ 72% ＝ 432g

3. 求氫氧化鈉用量＝（各項油脂 * 皂化價）之加總

$\boxed{D} = \boxed{B} \times \boxed{C}$

$\boxed{B2}$ 108× $\boxed{C2}$ 0.19 ＝ $\boxed{D2}$ 20.52g

$\boxed{B3}$ 60× $\boxed{C3}$ 0.141 ＝ $\boxed{D3}$ 8.46g

$\boxed{B4}$ 432× $\boxed{C4}$ 0.134 ＝ $\boxed{D4}$ 57.888g

$\boxed{D2}$ ＋ $\boxed{D3}$ ＋ $\boxed{D4}$ ＝ 86.86g

4. 求硬度參考值 ＝（INS× 百分比）之加總

$\boxed{G} = \boxed{E} \times \boxed{F}$

$\boxed{E2}$ 258× $\boxed{F2}$ 18% ＝ $\boxed{G2}$ 46.44

$\boxed{E3}$ 145× $\boxed{F3}$ 10% ＝ $\boxed{G3}$ 14.5

$\boxed{E4}$ 109× $\boxed{F4}$ 72% ＝ $\boxed{G4}$ 78.48

$\boxed{G2}$ 46.44 ＋ $\boxed{G3}$ 14.5 ＋ $\boxed{G4}$ 78.48 ＝ 139.42

5. 求水相重量

氫氧化鈉 ×（1.8～3 倍）

依表所得 86×2.3 ＝ 197.8 或 86×2.4 ＝ 206.4g

故水量 197 ～ 206 皆是合理範圍內，當油品重量、氫氧化鈉重量都已計算出來了，接著第三主角就是水相了。可以根據 P193 的 Q4 來作依據，當然也可依自己的習慣與經驗作水量多寡的調整，但前提是一定要能將氫氧化鈉充分解離才可以喔！

TIPS

手工皂的熟成期大約為四週，在這段時間要使皂的鹼度降低及水分蒸發，所以製皂日四週以後再使用。使用前可先用試紙測試，9 以下即可使用，若無試紙也可先試洗手肘內側，若有不適感則先停用。

另一種方法為「秤皂重測試法」，取一塊剛脫模的肥皂當基準，每天秤其重量並記錄，因皂中的水分會逐日蒸發，皂體重量會減輕，所以當重量維持不變時此皂就是熟成了。

廣用試紙測試酸鹼度示意圖

工研醋：酸性

水：中性

正常皂：8 ～ 9

過鹼皂：11 以上

油品介紹

油脂名稱	基本介紹
椰子油 Coconut Oil	椰子油乃自成熟椰果肉中提取的油品。飽和脂肪酸含量高，可以作出洗淨力強、顏色白、質地較硬的肥皂，是家事清潔皂不可或缺的關鍵油品。
棕櫚核仁油 Palm Kernel Oil	提取自油棕的核仁部位，其油脂特性與椰子油較為接近，高含量 C-12 及 C-14 脂肪酸，可與椰子油相互取代。
棕櫚油 Palm Oil	棕櫚油是從油棕的果肉提取出來的油脂，因分餾的等級不同，又可分為硬質棕櫚油、軟質棕櫚油。含豐富的棕櫚酸及油酸，可作出對皮膚溫和、質地堅硬的皂體，因取得容易，價格低廉，也是製作手工皂常用的油品之一。
橄欖油 Olive Oil	橄欖油是以油橄欖樹（*Olea europaea* L.）的果實為原料製作取得，採用冷壓或溶劑浸提獲得的油脂，粗分類為冷壓橄欖油（Extra Virgin Olive Oil，簡稱 EV）、純橄欖油（Pure Olive Oil）及橄欖渣油（Olive Pomace Oil）。其不皂化物中含有蛋白質、維生素，特別是天然角鯊烯可保濕、修復皮膚，是一款很滋潤的油品，也是製作手工皂常用的油品之一。
葡萄籽油 Greap Seed Oil	為葡萄科植物葡萄 *Vitis vinifera* L. 的種籽提取物，適用於油性肌膚、抵抗自由基抗老化、強化肌膚光澤，具有潤滑和鎮定的功能，可加在化妝品的成分裡，也可以保持滋潤，預防皮膚老化，屬較清爽的油品。

榛果油 Hazelnut Oil	是由榛果樹果實中萃取而得的油脂，擁有過濾陽光的功效。含有各種礦物質、維生素 A、B1、B2、D、E、卵磷脂和蛋白質，其擴散力和滲透力非常好，有軟化滋潤的作用，幫助肌膚再生，有效防止老化，擁有優異的保濕力，其質地清爽，能夠迅速滲入皮膚，防止水分流失，具有收斂、淨化肌膚的功效，對於青春痘、粉刺都有改善效果。 榛果油適合各種類型的肌膚，特別是對於油性膚質、毛孔粗大者、混合性皮膚及調理粉刺。
甜杏仁油 Sweet Almond Oil	是從一種扁桃樹所結的乾扁桃仁中提取的。它的潤膚效果非常好，能夠平衡肌膚水分，含蛋白質、礦物質、維他命 A、B1、B2、D、E、配醣物及脂肪酸等。調理面皰皮膚、保護富貴手、滋潤及軟化膚質，對於舒緩癢、紅腫與乾燥有幫助。適合嬰兒、乾性、皺紋、粉刺及敏感性肌膚適用。
杏桃核仁油 Apricot Kernel Oil	核桃油是從成熟杏桃樹的核仁取得的油脂，含有皮膚親和力極佳的角鯊烯、豐富的單元不飽和脂肪酸、維生素 A、B 群、D、E、K 等及酚類抗氧化物質，可防止肌膚老化，消除面部皺紋，有效保持皮膚彈性和潤澤。
米糠油 Rice Bran Oil	是由糙米外表的米糠所煉製而成，含有豐富維他命 E、維生素、蛋白酶，是相當好的油脂。起泡力佳，洗感清爽溫和，具有保濕力，可與小麥胚芽油互相取代。

米糠油　　　　甜杏仁油

酪梨油 Avocado Oil	從酪梨果肉脫水後用壓榨法或溶劑萃取法取得，含有豐富的維生素、甾醇、卵磷脂等成分，並具有良好的滲透力，可舒緩濕疹、肌膚疹及老化肌膚等問題。深層清潔效果佳，能促進新陳代謝、淡化黑斑、預防皺紋產生。可以做出對皮膚溫和滋潤的肥皂，適合嬰兒及過敏性皮膚的人使用。
芝麻油 Sesame Oil	芝麻油富含蛋白質、礦物質、維他命、卵磷脂、胺基酸等營養素，有優良的保濕效果和使皮膚再生的功能，非常適合老化與乾燥肌膚，其所含有的豐富脂肪酸、天然維他命 E 和芝麻素具有優異的抗氧化和抗自由基功效，能保護肌膚免受紫外線傷害；芝麻油屬軟性油脂，保濕性佳，泡沫豐富，洗感清爽。
澳洲胡桃油 Macadamia Nut Oil	澳洲胡桃油也稱「夏威夷堅果油」，是澳洲原產的常綠樹，但主產地卻是夏威夷，把果實榨成的油就是夏威夷堅果油，能製作出非常溫和，使用感極佳的肥皂。起泡力比橄欖油好，洗後感覺滋潤，比橄欖油略為清爽柔和，用來洗臉或受損頭髮也有非常優的洗感。
小麥胚芽油 Wheat Germ Oil	將小麥最營養的精華部分，經壓製或以溶媒提取而萃得的油品，含豐富維他命 E，是天然抗氧化劑，其抗自由基的特性可延緩皮膚老化，滋潤性強，能淡化細紋、妊娠紋、疤痕，增加肌膚濕潤力，對乾燥、缺水、老化、皺紋肌膚極有幫助。洗感清爽，起泡度不錯，能增加手工皂的保濕力和柔滑感，適合各種膚質。

山茶花油 Camellia Oil	由山茶科植物油茶樹的成熟種籽，利用壓榨法取得的植物油，也稱「茶籽油」、「茶花籽油」，日本稱之為「椿花油」，而台灣則稱為「苦茶油」。具不錯的護髮功效，既能滋潤頭皮，且能讓頭髮變得盈潤光澤，同時還能預防斷髮和脫髮，故很適合用於洗髮、護髮產品。其滲透力佳，可產生滋潤作用，促進皮膚新陳代謝以減少皺紋形成，使皮膚富彈性，也是天然的防晒油，可減低烈日紫外線對皮膚的傷害，也可淡化曝晒後引起的斑點。
蓖麻油 Castor Oil	由蓖麻樹種籽提煉製成，為透明或淺黃色黏稠液態，是一種保濕度高又溫和的油脂，具有使肌膚柔嫩及生髮、護髮的功效，能得到充分的滋潤和保濕效果，其蓖麻酸的脂肪酸含量高達 90%，黏度高且能吸收空氣中的水分，含水量高時會呈現透明狀皂體。
芥花油 Canola Oil	芥花油是一種菜籽油。菜籽油就是用十字花科植物油菜的種籽榨製而成，屬清爽不黏膩的油品，滋潤性及保濕力皆佳。亞麻油酸占三成左右，成皂後保存期限較短，故入皂比例建議不要超過 15%。
葵花籽油 Sunflower Seed Oil	油品清澈、無味，含豐富的維他命，肌膚容易吸收，適合任何肌膚。油中含亞油酸量達 60%，亦含有維他命 E 等豐富營養，具有強化細胞的緊密度，使肌膚滋潤保濕、彈性有光澤，還能柔軟肌膚、抗老化，對肌膚細胞具保護及重建功效。
紅花籽油 Safflower Seed Oil	營養成分、應用與葵花籽油相似，加入化妝品中通常作為潤膚成分。

玫瑰果油 Rose Hip Oil	玫瑰果生長於安地斯山脈及智利南部的高山,萃取珍貴的種籽而成,因含豐富的亞油酸及亞麻酸,所以對肌膚保濕與防護具很高的評價。油品性質溫和,適用於各年齡層的皮膚,敏感皮膚尤其適合,具平衡及重整皮膚的作用,適合暗瘡皮膚,能快速吸收,不殘留於毛孔,不會引起暗瘡、油脂粒或毛孔阻塞,但也因高比例的多元不飽和脂肪酸,而使成皂不耐久放而縮短皂的壽命。
苦楝油 Neem Oil	從苦楝樹的種籽及果核取得製成,在常溫下顏色為棕咖啡色,氣味像是結合花生和大蒜氣味的綜合體,含有印楝素(Azadirachtin)成分,具相當好的消炎、止癢作用,對異位性皮膚炎有很好的舒緩效果,也具有殺蟲及忌避作用,可作為殺蟲劑使用,也常用於防蟲驅蚊噴霧、寵物皂。
白油 Shortening	以大豆油混和棉子油或棕櫚油等植物油,經加工脫臭、脫色後,再給予不同程度的氫化,形成無味、無臭的白色油脂。植物性白油屬硬性油脂,保濕因子不多但泡沫穩定,皂性溫和,成皂後硬度足夠,洗感較乾爽。
荷荷芭油 Jojoba Oil	荷荷芭油萃取自荷荷芭豆,呈黃色,屬液態蠟;富含礦物質、維生素 D 和蛋白質,是優良的保濕劑。不像一般水性產品蒸發得比較快,而且荷荷芭油可像皮脂一樣平衡油脂的分泌;油脂穩定性更高,親膚性佳,適合熟齡及敏感肌膚所用。

山茶花油

苦楝油

紅花籽油

開心果油 Pistachio Nut Oil	由開心果仁壓榨取得，富含維生素 E、大量不飽和脂肪酸，不但可抗老化，對皮膚的軟化功能有顯著效果，還具有防晒功用。質地清爽，沒有油膩感，能被皮膚迅速吸收，屬滋養油品。可防老化，保護肌膚及髮絲，尤其對粗糙肌膚的修復效果非常好。
乳油木果脂 Shea Butter	來自非洲奶油樹的果實，含有一種肉桂酸鹽的三帖烯酯類，對於陽光的中波紫外線（UVB）具有吸收效果，因此是一種天然的防晒成分。防晒作用佳，可緩和及治療受日晒後的肌膚，泡沫細小、滋潤度高、修護力強，成皂質地溫和且較硬，也是手工皂用油的優選之一。
可可脂 Cocoa Butter	自可可樹果實裡的可可豆製成的天然油脂，具淡淡的巧克力味，常溫下呈固態，具有高效能保濕柔膚作用，能有效滋潤肌膚，使肌膚柔嫩有彈性，亦能在肌膚上生成一層保護膜，提供良好的保護性。泡沫細緻且穩定，滋潤度高，不易糊化，可增加皂體硬度。

乳油木果脂

可可脂

TIPS

油的比重為 0.85 ～ 0.92，所以 1L 的油大約為 850g ～ 920g 皆屬正常範圍。
精油 20 滴（d）≒ 1cc ≒ 1ml
1 滴（d）≒ 45mg，1000mg ＝ 1g

舞顏弄色

製皂除了油品、氫氧化鈉及水相三大元素外，為了增加皂體的美觀，我們通常會添加植物粉、珠光粉、石泥、色粉等，以讓皂體有顏色上的變化及功能性，開啓多元創皂，滿足視覺的享受。

若作單一顏色，可將粉末直接加入油品中，在顯色上較常被使用的有：
植物粉系列
　　調色技巧：先取少部分的皂液與色粉調開。
　　粉量計算：大約 150g 的皂液加一匙的粉末，顏色若要深一點再酌量增加。
　　黑色：備長炭粉、竹炭粉
　　綠色：低溫艾草粉、蕁麻葉粉、綠藻粉
　　藍色：青黛粉
　　橙色：紅麴粉、β 胡蘿蔔素（液）
　　咖啡色：可可粉、肉桂粉、何首烏粉
植物粉的彩度表現大多偏低，不太可能會有亮麗的色彩，且會隨時間而褪色。

| 備長炭粉 | 低溫艾草粉 | 蕁麻葉粉 | 黑可可粉 |

| 可可粉 | 何首烏粉 | 平安粉 | 青黛粉 |

茜草粉	無患籽粉	紫草根粉	黃薑粉

葫蘆巴粉	綠藻粉

礦泥（石）粉：

綠礦泥、紅礦泥等，比重較重，較不易調開，可先與少部分的油調開備用。

紅礦泥粉	綠礦泥粉

珠光粉／雲母粉

可塗抹於皂體表面，例如以皂基（MP）作金元寶或金條時，可用乾的水彩筆沾金色珠光粉塗抹於皂體表面，就會有亮晶晶的效果了。

金元寶

由於珠光粉比重較小，可以與全部欲染之皂液攪拌或取部分皂液先行攪拌，用量大約為 0.2 ～ 0.5% 就足夠了。假設預染皂液量 300g，則只需要 0.6 ～ 1.5g 即可。

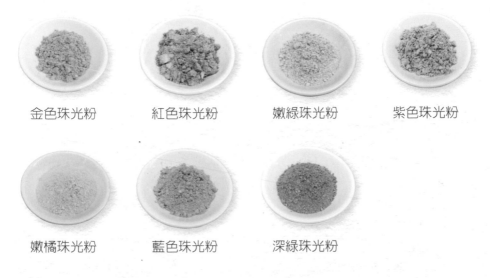

| 金色珠光粉 | 紅色珠光粉 | 嫩綠珠光粉 | 紫色珠光粉 |

| 嫩橘珠光粉 | 藍色珠光粉 | 深綠珠光粉 |

皂用耐鹼色粉

顏色較濃，彩度較高，在顏色表現上最佳，但也是令人又愛又恨，愛它的色彩鮮明亮麗，帶給人們視覺上的享受，但又怕它非天然，會對肌膚造成傷害，其實就如同香精一樣，只要它是對人體無害，對環境是友善的，都無需排斥。

為此我們也特地作了 SGS 的重金屬檢驗，以解除大家心中的疑慮，在使用上能更安心。

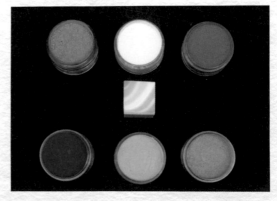

其他

　　二氧化鈦：可使皂液變白，明度變高，但二氧化鈦不易溶解，在使用上可先與水 1：3 調成液狀再使用。

　　群青：可使皂體呈現很飽和的藍色，不易溶於皂液，易溶於水中，但皂液顏色偏黃則會產生綠色；故偏黃的皂液可用二氧化鈦將皂液變白，再來調色。

群青　　　　　　二氧化鈦

添加乾燥花草

　　乾燥花草也是深受皂友們喜愛的素材，通常用作浸泡油、磨粉入皂，或是直接放入皂中以增加美感，然而要注意的是若整朵入皂，像是薰衣草、金盞花等，雖可增添美感，但在洗滌時花草容易掉落阻塞排水孔喔！

　　將乾燥的花草植物浸泡於植物油中，以植物油作為溶劑，用來萃取其中的脂溶性活性成分等精華，在油品選擇上，應以新鮮不易氧化的油品為原則，像是橄欖油就是皂友們的首選之一，甜杏仁油也是不錯的選擇；若以椰子油、棕櫚油為浸泡油則應考慮天候因素，因為冬天低溫時油品會固化，較不利於操作。

將乾燥花草的雜質挑除後，放入已消毒的玻璃罐中（約 2 / 3 滿）。

將油品倒入後倒放搖一搖，使能量更均勻釋放。

常見的乾燥植物浸泡油有：

紫草根浸泡油

紫草根的氣味並不是那麼討喜，甚至有些人討厭它的氣味，但成皂後該氣味就會消失。油品與紫草浸泡的比例為 8%，例如：油 1000g 放入 80g 紫草，浸泡三週以上即可操作。若來不及浸泡亦可利用熱萃法，將乾燥的紫草根置於油品內套鍋隔水加熱 2～3 小時，等待降溫後即可使用。直火加熱溫度會較不平均，也容易過高。其根部含有活性成分「紫草素」（Shikonin），為一種紫紅色色素。製成的浸泡油呈深紫紅色，依據紫草根品質及用量等不同因素，皂化後顏色也會隨著時間有所變化，從灰色到深紫色都有可能出現。

紫草根熱萃法

金盞花浸泡油

適用於所有皮膚問題。具滋養、安撫肌膚功能，可舒緩紅疹、發癢的皮膚，亦同時具有防腐、抗菌的功效。

洋甘菊浸泡油

抗敏感，具消炎及皮膚細胞再生的功效。屬溫和油品，適合敏感及嬰兒肌膚。此款浸泡油對於皂體顏色的影響並不大。

薰衣草浸泡油

具有鎮靜神經及平衡修護功能，薰衣草精油也深受大家喜愛，適用於身心舒緩等各種症狀。此款浸泡油並不會浸泡出紫色色澤，對於皂體顏色影響並不大。

茉莉花浸泡油

　　具抗憂鬱、抗痙攣功效，可舒緩肌肉勞損、緊縮的狀態，及緩和緊張、憤怒的情緒。

玫瑰花浸泡油

　　適用於所有肌膚問題，具美白、抗敏感、愉悅心情的功效。此款浸泡油對於皂體顏色的影響並不大。

迷迭香浸泡油

　　可以舒緩肌肉勞損、改善頭皮健康狀態、防脫髮、止頭痕、促進毛髮生長。此款浸泡油對於皂體顏色的影響並不大。

香氛使用

　　長久以來大家都認為肥皂就應該是香的，殊不知這些香氣是額外加入的，所以當我們拿一個沒有添加香氣的手工皂送給朋友，大部分都需經特別的解釋與教育，不可否認的，在沐浴或洗滌時若能散發出香味，是能帶來喜悅與舒暢感。

　　本書所添加的香氣是以香氣能夠持久與提供清新味道為主，在療效上不多著墨，以天然精油搭配環保香氛，頗受同學及皂友的喜愛。

工具大觀園

工欲善其事，必先利其器，首先把基本工具準備妥當，有了適當的輔助工具，將可達到事半功倍之效。

手套、口罩、圍裙、護目鏡
打皂時為避免遭強鹼傷害人身安全，所作之防護措施。

量杯
選擇合適大小的不鏽鋼材質或 PP5 號的塑膠量杯亦可，作為製作鹼液，放置氫氧化鈉、水、精油、皂液等的容器。

電子秤
選擇有歸零功能的電子秤較為方便，用來計量油脂、氫氧化鈉、水等各種材料的重量。

打蛋器／攪拌器
用來攪拌油脂與鹼液使其完全反應，以利皂化進行，以材質區分有不鏽鋼、矽膠、橡膠，還有電動攪拌器，可依個人需求來做選擇。

不鏽鋼鍋
盛裝油品量秤完重量後加熱使用，油鹼會在此鍋內做混合攪拌，故鍋具的容量必須能容納全部的皂液。

刮刀
建議選擇矽膠材質較佳，可輔助入模並將皂液刮除乾淨，減少浪費。

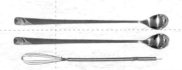

長柄湯匙／攪拌棒
用來攪拌鹼液或將粉類攪散，選擇長度較長的為佳，目前市售 26 公分的長柄湯匙是不錯選擇。

溫度計或紅外線溫度槍

用來量測油脂與鹼液的溫度,切勿將溫度計拿來作攪拌,避免破裂造成危險。

模型

有各種材質與形狀,矽膠、塑膠、壓克力、木盒、牛奶盒、飲料盒等,可依自己的喜好與需求來添置。

加熱工具

電磁爐或瓦斯爐皆可,用來將油品升溫或脂類融化。

保溫工具

為避免失溫,讓皂化過程更完全,將皂液倒入模內後放置於保溫工具內。

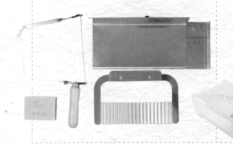

其他工具

切皂台、切刀、修皂器、修邊器、皂章等,依個人需求添加。

專有名詞、術語解釋

皂化價（SAP Value）

是指要將 1 g 的油脂變成肥皂所需氫氧化鈉的量，稱為「皂化價」。例如椰子油的皂化價為 0.19，所以皂化 1 g 的椰子油需要 0.19g 的氫氧化鈉；將 100g 的椰子油皂化成皂需要 19g 的氫氧化鈉。

同一種油脂也可能會有不同的皂化價，因它會隨著植物生長的地理、氣候及提煉方式而略有不同，但這些都在合理的標準範圍內，因此在計算時不用過於擔心。

皂化反應

簡稱皂化，指油脂與氫氧化鈉或氫氧化鉀混合後得到高級脂肪酸鈉（鉀）鹽和甘油的反應。

INS 值

用來提供手工皂完成後的硬度之參考值，並非絕對依據。一般來說，INS 值愈高，作出來的皂硬度就愈高；INS 值愈低，作出來的皂硬度就愈低。在作皂之前，可先計算一下該皂方的 INS 值是否適當。

由皂化價及碘價所計算出來，也就是碘價愈低的油脂（如椰子油、可可脂）INS 值愈高。油脂的 INS 值影響成品的軟硬度，如果配方中軟油比例較高，INS 值低，做出的皂就較軟。

PH 值

亦稱氫離子濃度指數或酸鹼值，是指溶液酸鹼程度的衡量標準。

當 PH 小於 7 的時候，溶液呈酸性，當 PH 大於 7 的時候，溶液呈鹼性，當 PH 等於 7 的時候，溶液為中性。肥皂的 PH 值常態大約落於 8 ～ 10 左右。

超脂

在油鹼皂化濃稠時加入多餘的油脂，為增加手工皂滋潤度所用的方法之一；在氣候不穩定的台灣通常以 5% 為上限，過多添加只會縮短手工皂的使用期限。

減鹼

計算出氫氧化鈉的用量後乘小於 100% 的數值，例如氫氧化鈉用量為 100g*95%，實際用量則為 95g，其用意與超脂的目的相同，都是為了增加肥皂的滋潤度，在氣候不穩定的台灣通常以減少 5% 為上限，減太多只會縮短手工皂的使用期限。

鬆糕

製作手工皂時可能因攪拌不足、入模時機過早、失溫，或是添加物的影響而導致皂體產生鬆散、顏色偏淡的狀況，若確定為鬆糕，則可置於加熱器（電鍋、瓦斯爐或微波爐）加熱補救。

過鹼

發生原因通常是不慎將油脂少量了或多秤了氫氧化鈉，導致皂體鹼量超過標準值，皂化後皂體呈現偏硬且顏色偏淡，切皂時會產生碎裂。

油鹼分離

發生原因通常是攪拌不足就入模，或不小心多量油脂、氫氧化鈉秤少了，導致油脂無對應的鹼量，難以 Trace 而勉強入模，即會形成皂體偏軟，皂面浮一層油而難以脫模。

補救方法：

1. 若因攪拌不足則加強攪拌。

2. 若已知缺的鹼量，即可將氫氧化鈉加水溶化解離後，全部挖出再進行攪拌。若不知應補足的鹼量則將多餘油脂倒出，置放數日後皂體亦會變硬些，再行脫模晾皂，但此皂的保存期限會大幅縮短，故可熱製以加快使用期，提早使用。

Trace

當油脂與鹼水相互結合，持續碰撞開始起皂化作用後會慢慢變得濃稠，當用攪拌器在皂液上作攪拌動作時，表面會有痕跡停留，這個痕跡我們即稱為 Trace。若以食物的濃稠狀態來區別，會從豆漿狀→米漿狀→麵糊（玉米濃湯）→沙拉醬，故亦有 Light Trace（LT）、Trace、Over Trace（OT）之區分。

果凍現象

皂液入模後溫度持續上升，當中心溫度較高時顏色較深且會形成半透明的凝膠狀，即稱為「果凍現象」，遇到此現象即表示目前皂化正常運作中，是良好的現象。

不皂化物

油脂中不能與氫氧化鈉或氫氧化鉀起皂化反應的物質稱為「不皂化物」，不皂化物的種類很多，例如游離脂肪酸、甾醇、角鯊烯等都是。

熟成期（晾皂期）

皂液入模後，因皂化反應溫度會持續升高，入模後，皂糊慢慢變成固態，約24～36小時即可脫模。脫模後的皂必須放置一段時間待鹼性降低、水分蒸發，依配方不同，熟成期的長短也有所差異。通常熟成期是4～6週，需置於乾燥通風的環境中，有時亦需將皂體翻面轉向使皂體更為均質。

白粉

又稱皂粉，通常形成於皂與空氣的接觸面。這是因為攪拌不足導致皂化程度不夠，溫差太大，或因無法避免的游離鹼與空氣接觸產生的白色結晶體，此對肌膚是無害的，若覺得不美觀修掉即可。

甘油河

在皂化時因水量、香精、精油或粉類等添加物造成溫度不平均，切皂後於皂體表面呈現半透明像河流般的不規則紋路。

開始打皂囉

step 1 前置作業

先將配方表及所需的油品及各項工具逐一準備妥善，接著在工作檯面鋪上報紙防汙以便於整理，並穿戴上口罩、手套、圍裙、護目鏡。

step 2 製作鹼液

需在通風環境下操作，秤氫氧化鈉時，應全程使用長柄湯匙調整重量，絕不可用手拿取氫氧化鈉，以免受傷。

將溶解氫氧化鈉的液體先製成冰塊後使用，這樣溶鹼時比較不會產生嗆鼻氣味。

接著將秤好的氫氧化鈉分次倒入冰塊（製成冰塊的水、母乳、豆漿、中藥水等）中進行溶鹼。

step
3

秤油品製作混合油

使用電子秤時請務必先檢查是否已歸零，單位應為「g」，並在不鏽鋼鍋表面標示鍋子的重量，屆時可再確認油品總重，增加量秤的準確性。

將配方表中的油品逐一倒入不鏽鋼鍋中，電子秤歸零後，再倒入下一個油品。

倒完後記得擦拭瓶口，以確保油品品質。

油品全部秤完後，將電子秤歸零，再秤含鍋子的總重量，扣除鍋重後確認是否為混合油品的總重，多了這道步驟可使我們的打皂成功度更加提高。

油品升溫

將秤好的混合油移至瓦斯爐或電磁爐上加熱，
此時若有瓶裝硬油固化或是脂類，可先將已固
化的硬油瓶口轉緊後，整罐泡在 40℃以上熱
水中，40 分鐘後即可融化，或隔水加熱再倒
出，脂類可先與部分軟油加熱融化再倒入其他
油品。

油鹼混合

當油品完全融化並與鹼水皆介於 35～45℃時
即可將鹼液緩緩倒入油鍋中，用打蛋器混合攪
拌，攪拌方向不拘，逆時鐘、順時鐘皆可，也
可配合電動攪拌器使用，增加油與鹼的碰撞以
縮短時間。

氫氧化鈉加入液體中（水、蔬果汁、乳等）時
溫度會逐漸升高乃屬正常現象，可放置室溫待
其逐漸降溫，亦可隔水（冰）降溫，降溫速度
會比較快。若擔心氫氧化鈉沒有完全溶化，可
用細目網篩過濾。

將鹼液分 2～3 次緩緩倒入混合油品中。

使用電動攪拌器時鍋具建議選擇深鍋,將攪拌頭放入鍋中時應採斜角進入,可減少氣泡產生,避免帶進太多空氣,使皂體不夠細緻。

啟動電動攪拌器時,整個攪拌頭一定要放在皂液裡,不可露出皂液表面操作,以免皂液濺出危及安全並產生太多氣泡。

TIPS 清洗電動攪拌器時一定要將棒頭取下或拔除插頭,小小動作大大安全。

油鹼混合均勻後,經過持續攪拌皂液會慢慢變稠,精油、粉類等添加物可在此時加入。

直到整鍋呈麵糊狀,表面有皂液痕跡停留且不消失,就可入模了。攪拌過程中,鍋邊的皂液也要刮入鍋內,以確保整鍋皂液的品質。

入模及清理工具

配合刮刀將皂液刮入已備妥的模具中，接著放入保溫容器裡進行皂化。

乳皂、豆漿皂或夏天製作的家事皂可不用入保溫箱。

入模完成清理工具時，可用抹布或不要的舊衣
物將量杯、鍋具、打蛋器等器具擦拭乾淨，隔
天就會非常好洗，或放置 2～3 天，讓皂液
皂化成皂再清洗亦可，若馬上清洗會很油膩不
易洗淨。抹布放置 3～7 天後，不需使用肥
皂即可洗淨了。

step 7 脫模

當皂體變硬且溫度與室溫相當，即可脫模。所使用的模具、油品、水相、添加物及環境氣候等因素皆會影響脫模時間，一般而言 24～72 小時都是合宜的。

皂化過程中有顏色不均狀況乃屬正常現象，中心溫度較高所呈現的顏色較深，此稱為果凍現象。

step 8 切皂 / 蓋皂章

皂體太大可依需求裁切，線刀最好用，因與皂體接觸面積最小，不易黏刀。

也可使用菜刀或切刀裁切皂體，刀柄應與工作墊垂直，才會平順工整。

切皂或蓋皂章時，若皂體太黏會卡皂或黏皂，可依皂況放置幾小時或 3 天後再操作即可。

TIPS 新啟用的皂章使用前應先刷洗乾淨，蓋完後，使用軟毛刷清洗乾淨晾乾，妥善保存，否則蓋皂章處容易出現油斑。

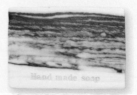

step 9　晾皂

將已切好的皂放置低溫、低濕環境中晾皂，使其水分蒸發、鹼度降低，讓洗感更佳。

遇到濕度高卻又沒有除濕機時，可將皂體放入紙箱中並放置水玻璃，即可大幅降低濕度，保持皂體乾爽。

濕度高

置入水玻璃降濕

step 10 包皂

經過 4 ～ 6 週的晾皂即可將皂包裝起來。

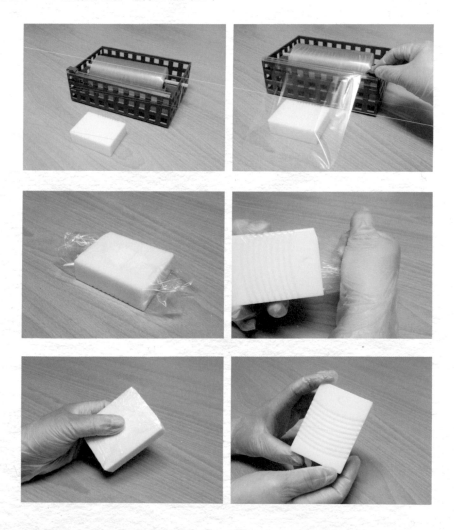

TIPS 選擇濕度低於 60% 的天氣包皂，可避免將濕氣包入皂膜中，影響皂體品質。

CHAPTER 02

五行之草本滋養

01

白鶴靈芝
草本護膚皂

乾性肌　中性肌

材料
MATERIAL

成品總重：600g

INS：143.6

油品			
椰子油	18%	72g	
棕櫚油	25%	100g	
橄欖油	42%	168g	400g
米糠油	5%	20g	
乳油木果脂	10%	40g	

- -

鹼液		
氫氧化鈉		58g
水相：白鶴靈芝冰塊 *2.4		139g

白鶴靈芝草 70 g ＋純水 200 g
打成汁並過濾

- -

香氣		
東方岩蘭	1%	4ml
迷迭香精油	1%	4ml

作 法

step 1 前置作業　　將油品及各項工具逐一準備妥善後，先在工作檯面鋪上報紙防汙，並穿戴口罩、手套、圍裙、護目鏡。

- -

step 2 製作鹼液

1. 先將摘取下來的白鶴靈芝充分清洗乾淨。

2. 剪下嫩枝葉，剪刀若剪不斷的枝葉則放棄不用。

3. 打成汁並過濾殘渣後倒入製冰盒中。

4. 將氫氧化鈉 58 g 分次倒入 139 g 的白鶴靈芝冰塊中並加以攪拌，放置一旁備用。

白鶴靈芝草本護膚皂

step 3 秤油品製作混合油

將所需油脂逐一秤入不鏽鋼鍋中，並加溫使乳油木果脂融化及油品完全清澈。

---

step 4 油鹼混合攪拌

當油品與鹼液二者的溫度相當時即可混合攪拌，充分均勻後將備妥的香氣緩慢倒入並持續攪拌至濃稠。

---

step 5 入模／皂化完成

攪拌至濃稠狀即可將皂液倒入模具中，接著移入保溫裝置（保麗龍箱或紙箱、保溫袋）。

49

24 ～ 72 小時後待皂化反應完成即可移出脫模，若發現皂上有水珠乃屬正常現象，擦拭後脫模，待表面乾爽即可切皂。

step
6

晾皂 / 收納

已切好的皂避免陽光直接照射，須放置低溫、低濕環境中晾皂，使其水分蒸發及 PH 值降低，讓洗感更佳，經過 4 ～ 6 週的晾皂即可將皂包裝起來。

皂室
小撇步

● 此款皂的水相設計是取台灣鄉間隨手可得的草本植物 ─ 白鶴靈芝。「白鶴靈芝」又稱「仙鶴草」或「靈芝草」，白色的花綻放後很像振翅欲飛的白鶴，所以有白鶴靈芝這樣美麗的名字。在中藥圖典中有詳細記載，它的別名為癬草，在皮膚上具有治療體癬、濕疹、止癢的功能。

● 製作水相時白鶴靈芝草與水的重量比例大約 1：3，用果汁機或調理棒操作即可取得汁液，需用網篩進行過濾方能使用。

● 白鶴靈芝汁過濾後製成冰塊貌，顏色為深綠色。

● 過濾後的渣因較粗硬，即使晒乾後也不建議入皂，因為會讓細嫩的肌膚覺得有粗粗的摩擦感。

02
苦瓜煥膚皂

中性肌　油性肌

材料
MATERIAL

成品總重：1000g

INS：148.2

油品

椰子油	25%	175g
棕櫚油	25%	175g
橄欖油	33%	231g
蓖麻油	5%	35g
芥花油	12%	84g

700g

鹼液

氫氧化鈉	104g
水相 *2.3	250g

純水 200g ＋ 苦瓜 70g 打汁

添加物

法國紅石泥粉　3g

香氣

桂花吟	7ml
迷迭香精油	7ml

作 法

 step 1 前置作業　將油品及各項工具逐一準備妥善後,接著在工作檯面鋪上報紙防汙,且事後也便於整理,並穿戴上口罩、手套、圍裙、護目鏡等。

 step 2 製作鹼液　將苦瓜去籽切丁後與純水一併打汁並過濾,製成冰塊後取 250g 備用。
將氫氧化鈉 104g 分次倒入 250g 的苦瓜冰塊中,並加以攪拌,接著放置一旁備用。

 step 3 秤油品製作混合油　將所需油脂逐一秤入不鏽鋼鍋中,並加溫至 35 ～ 45℃之間,油脂呈現清澈狀。

 step 4 油鹼混合攪拌　油品與鹼液二者的溫度相當時,即可混合攪拌,待充分均勻後將備妥的紅石泥粉及桂花吟、迷迭香精油緩慢倒入並持續攪拌至濃稠。

 TIPS 紅石泥粉可與少量的油調開備用,或加入混合油中先行染色。

 step 5 入模 / 皂化完成　攪拌至濃稠狀即可將皂液倒入模具,移入保溫裝置中(保麗龍箱或紙箱、保溫袋),待 24 ～ 72 小時皂化反應完成即可移出脫模、切皂。

step 6 晾皂／收納

已切好的皂避免陽光直接照射，需放置低溫、低濕環境中晾皂，使其水分蒸發及 PH 值降低，讓洗感更佳，經過 4 ～ 6 週的晾皂後即可將皂包裝起來。

皂室
小撇步

● 五行的木、火、土、金、水以青、赤、黃、白、黑五色代表，並各自相關聯；五味則以酸、苦、甘、辛、鹹對應，此款採用苦瓜退火、味苦作為設計依據，並添加紅石泥粉，適合毛孔粗大、粉刺、痘痘肌膚質，具清爽抗痘、細緻毛孔等調理肌膚功能。

● 食材入皂可採用當季盛產的蔬果，以增加手作的趣味性與情感溫度，雖然在療效上眾說紛紜，但增加這些添加物可使心情愉悅，並且增加手工皂的變化，值得一試喔！
不過在相同條件下，生鮮蔬果入皂會讓皂的保存期限比一般乳皂或水皂來得短，也較容易酸敗，故皂熟成後更應注意保存環境的乾燥或盡速使用完畢。

● 過濾後的苦瓜泥質地柔軟，可作為添加物入皂以增加觸感，然因含水量較高，可減少溶鹼的水相 10%。

材料
MATERIAL

 成品總重：750g

INS：142.1

油品

椰子油	23%	115g
紅棕櫚油	25%	125g
橄欖油	12%	60g
米糠油	20%	100g
甜杏仁油	20%	100g

500g

鹼液

氫氧化鈉	74g
水相：純水 *2.4	178g

香氣

東方岩蘭	1%	5ml
迷迭香精油	1%	5ml

作 法

前置作業 　將油品及各項工具逐一準備妥善,並在工作檯面鋪上報紙防汙,接著穿戴口罩、手套、圍裙、護目鏡。

製作鹼液 　將氫氧化鈉 74g 分次倒入 178g 的純水冰塊中,並加以攪拌,放置一旁備用。

秤油品製作混合油 　將所需油脂逐一秤入不鏽鋼鍋中,並加溫至 35 ～ 45℃之間。

油鹼混合攪拌 　油品與鹼液二者的溫度相當時,即可混合攪拌,充分均勻後將備妥的東方岩蘭及迷迭香精油緩慢倒入,並持續攪拌至濃稠。

入模 / 皂化完成 　攪拌至濃稠狀即可將皂液倒入模具,移入保溫裝置中(保麗龍箱或紙箱、保溫袋),24 ～ 72 小時後待皂化反應完成即可移出脫模、切皂。

晾皂 / 收納 　已切好的皂避免陽光直接照射,需放置低溫、低濕環境中晾皂,使其水分蒸發及 PH 值降低,經過 4 ～ 6 週的晾皂即可將皂包裝起來。

●使用紅棕櫚油入皂的皂款，脫模後模具會殘留橘紅色色素，
　此乃正常現象，待模具使用二、三次後色素即會消失。

●紅棕櫚油的脂肪酸組成與棕櫚油相同，此款皂方以未經脫色
　的紅棕櫚油取代棕櫚油，富含天然的胡蘿蔔素及維生素 E，
　能給肌膚帶來更好的滋潤，多了未皂化物的修護與保溼效
　果。

04.
馬鈴薯強效
家事皂

材料
MATERIAL

成品總重：750 g

INS：229.8

油品

| 椰子油 | 75% | 375g | ⎫ |
| 棕櫚油 | 25% | 125g | ⎭ 500g |

- -

鹼液

氫氧化鈉　　　　　　　　　　89g

水相：純水 *2　　　　　　　178g

- -

添加物

馬鈴薯打成果泥備用　　　　75g

不用過濾

- -

香氣

茶樹精油　　　　2%　　　10ml

作 法

前置作業
將油品及各項工具逐一準備妥善，接著在工作檯面鋪上報紙防汙，並穿戴口罩、手套、圍裙、護目鏡。

製作鹼液
將氫氧化鈉 89g 分次倒入 178g 的純水冰塊中，並加以攪拌，放置一旁備用。

秤油品製作混合油
將所需油脂逐一秤入不鏽鋼鍋中，並加溫至 35～45℃之間。

油鹼混合攪拌
油品與鹼液二者的溫度相當時，即可混合攪拌，充分均勻後將備妥的馬鈴薯泥及茶樹精油緩慢倒入，並持續攪拌至濃稠。

入模 / 皂化完成
攪拌至濃稠狀即可將皂液倒入模具，接著移入保溫裝置中（保麗龍箱或紙箱、保溫袋），24 小時後待皂化反應完成即可移出脫模。

TIPS 椰子油比例極高，在非寒流來襲的天氣可不用保溫。

晾皂 / 收納
已脫模的皂避免陽光直接照射，需放置低溫、低濕環境中晾皂，使其水分蒸發及 PH 值降低，如此一來洗感會更佳，經過4～6週的晾皂後即可將皂包裝起來。

皂室
小撇步

●在夏日，超油性肌膚者可拿來當作沐浴皂，也是不錯的選擇
喔！馬鈴薯含有豐富澱粉，採用其作為添加物，可增加洗淨
力，亦可蒸熟打成泥使用，而本款是以新鮮馬鈴薯打成汁作
為添加物入皂。

●馬鈴薯的含水量極高，可不加水直接打成馬鈴薯泥當添加物
入皂，所以溶鹼的水相能相對減少，以免成皂後縮水過多。

馬鈴薯切小丁

未加水直接
用調理棒打
成的樣貌

05
平安檜樂皂

材料
MATERIAL

一般肌

 成品總重：1050g

INS：130.5

油品

椰子油	20%	140g	
白油	15%	105g	
橄欖油	30%	210g	700g
開心果油	20%	140g	
米糠油	15%	105g	

鹼液

氫氧化鈉	101g
水相：黑豆水 *2.3	232g

添加物

平安粉	7g

香氛

檜木精油	2%	14ml

作法

step 1　前置作業　將油品及各項工具逐一準備妥善,接著在工作檯面鋪上報紙防汙,並穿戴口罩、手套、圍裙、護目鏡。

- -

step 2　製作鹼液　將氫氧化鈉 101g 分次倒入 232g 的黑豆水（可事先結成冰塊備用）中,並加以攪拌,放置一旁備用。

- -

step 3　秤油品製作混合油　將所需油脂逐一秤入不鏽鋼鍋中,並加溫至 35 ～ 45℃之間,直到混合油品呈清澈狀。

- -

step 4　油鹼混合攪拌　油品與鹼液二者的溫度相當時,即可混合攪拌,待充分混勻後將備妥的平安粉及檜木精油緩慢倒入,並持續攪拌至濃稠。

- -

step 5　入模／皂化完成　攪拌至濃稠狀即可將皂液倒入模具,移入保溫裝置中（保麗龍箱或紙箱、保溫袋）,24 ～ 72 小時後待皂化反應完成即可移出脫模、切皂。

- -

step 6　晾皂／收納　已切好的皂需放置低溫、低濕環境中晾皂,使其水分蒸發及 PH 值降低,經過 4 ～ 6 週的晾皂即可將皂包裝起來。

●黑豆含有豐富的寡糖、食物纖維果膠，這些成分對美化肌膚、保持肌膚水嫩很有幫助，故以黑豆水當水相。皂方中含有 20% 的開心果油，該油品富含維生素 E、大量不飽和脂肪酸，不但可以抗老化，對皮膚的軟化功能有顯著效果，還具有防晒功用，質地清爽不油膩，能被皮膚快速吸收。

●平安粉以香茅、艾草、芙蓉、抹草等四種民間習俗中，具驅邪避煞的草本植物為主，而檜木精油有紓壓、防蚊蟲、抗菌、抑制細菌孳長等功能，在味道及功能上是很不錯的搭配。

黑豆水

CHAPTER 03

利用現成工具
及模型

06

備長炭
清涼皂

備長炭清涼皂

油性肌

材料
MATERIAL

成品總重：600g

INS：151.7

油品			
椰子油	28%	112g	
棕櫚油	30%	120g	400g
未精製酪梨油	25%	100g	
葡萄籽油	17%	68g	

鹼液		
氫氧化鈉		60g
水相：樟木水 *2.5		150g

添加物		
備長炭粉	1%	4g
薄荷腦	3%	12g

香氣		
薄荷精油	2%	8ml

71

作 法

step 1
前置作業

將油品及各項工具逐一準備妥善,接著在工作檯面鋪上報紙防汙,並穿戴口罩、手套、圍裙、護目鏡。

step 2
製作鹼液

將氫氧化鈉 60g 分次倒入 150g 的樟木冰塊(樟木水可事先結成冰塊)中並加以攪拌,接著先放置一旁備用。

step 3
秤油品製作混合油

將所需油脂逐一秤入不鏽鋼鍋中,並加溫至 35～45℃之間。

step 4
油鹼混合攪拌

油品與鹼液二者的溫度相當時,即可混合攪拌,充分均勻後將備長炭粉及備妥的已溶解之薄荷腦、薄荷精油緩慢倒入,並持續攪拌至濃稠。

step 5
入模 /
皂化完成

攪拌至濃稠狀後即可將皂液倒入模具中,接著移入保溫裝置(保麗龍箱或紙箱、保溫袋),24～72 小時後待皂化反應完成即可移出脫模。

step 6

晾皂 / 收納

已脫模的皂需放置於低溫、低濕環境中晾皂,使其水分蒸發及 PH 值降低,經過 4 ～ 6 週的晾皂即可將皂包裝起來。

皂室
小撇步

● 溶解薄荷腦的方式
可先將薄荷腦浸泡於薄荷精油中或油品裡,靜置一天後,薄荷腦即溶於精油中。

將 12g 薄荷腦置於 8ml 精油中。

靜置一天後即完全溶解了。

● 薄荷腦不適用熱水溶解,當冷卻後薄荷腦就會結晶成塊了。

中性肌 油性肌

材料
MATERIAL

成品總重：450g

INS：149.1

油品

椰子油	21%	63g
棕櫚油	19%	57g
橄欖油	40%	120g
澳洲胡桃油	20%	60g

300g

鹼液

氫氧化鈉	44g
水相：純水 *2.5	110g

添加物

備長炭粉	酌量

香氣

花漾	1%	3ml
薰衣草精油	1%	3ml

＊此配方可作出 4 塊蕾絲皂，每塊大約 110g，適合中性及油性肌膚。

作 法

 step 1　前置作業

1. 將蕾絲矽膠墊片裁剪成適當大小。　**2.** 接著平穩地放入土司模中。

 step 2　製作鹼液

將氫氧化鈉 44g 分次倒入 110g 的純水冰塊中，並加以攪拌，放置一旁備用。

 step 3　秤油品製作混合油

將所需油脂逐一秤入不鏽鋼鍋中，並加溫至 35 ～ 45℃之間。

 step 4　油鹼混合攪拌

油品與鹼液二者的溫度相當時，即可混合攪拌，充分混勻後將備妥的香氣緩慢倒入，並持續攪拌至濃稠。

step 5　入模／
皂化完成

1. 取大約 50g 皂液加入酌量備長炭粉調色後，塗在矽膠墊上，並刮除多餘皂液（此步驟可於模外操作），完成後再將矽膠墊平鋪於土司模裡。

2. 倒入皂液（倒入皂液時可用長柄湯匙或刮刀擋一下皂液，以保持黑色蕾絲紋路的完整性）。

3. 將剩餘的皂液倒完後，封上保鮮膜，放置於保溫箱內皂化即可。

4. 待 24 ～ 72 小時後即可脫模，並將矽膠墊片緩緩拆除。

5. 依所需大小切皂即可。

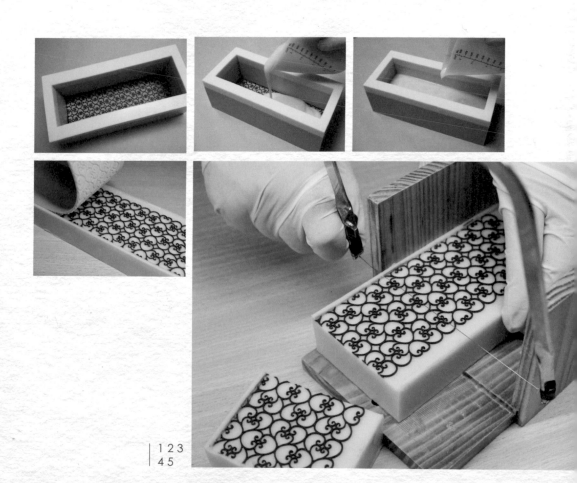

1 2 3
4 5

08

絲瓜絡
家事皂

材料
MATERIAL

家事

 成品總重：600 g

INS：196.7

油品

椰子油	50%	200g	⎫
棕櫚油	40%	160g	⎬ 400g
甜杏仁油	10%	40g	⎭

- -

鹼液

| 氫氧化鈉 | | 66g |
| 水相：純水 *2.7 | | 178g |

- -

香氣

| 聖誕限定－琥珀琉光 | 2% | 8ml |

作 法

step 1 前置作業

將油品及各項工具逐一準備妥善，在工作檯面鋪上報紙防汙，穿戴上口罩、手套、圍裙、護目鏡，並先用保鮮膜將絲瓜絡包覆好。

step 2 製作鹼液

將氫氧化鈉 66g 分次倒入 178g 的純水冰塊中，並加以攪拌，放置一旁備用。

step 3 秤油品製作混合油

將所需油脂逐一秤入不鏽鋼鍋中，並加溫至 35 ～ 45℃之間。

 step 4 油鹼混合 攪拌　　油品與鹼液二者的溫度相當時，即可混合攪拌，充分混勻後將備妥的香氣緩慢倒入，並持續攪拌至濃稠。

 step 5 入模 / 皂化完成　　攪拌至濃稠狀時即可將皂液倒入已包覆保鮮膜的絲瓜絡中。完成後，將其移入保溫裝置中（保麗龍箱或紙箱、保溫袋），若在非寒流的天氣可不用保溫，用另一空紙杯倒扣其上即可，待 24 小時後皂化反應完成即可移出。

作 法

step 6 切皂　　　　最後,用美工刀或菜刀裁切出所需的寬度即可。

step 7 晾皂 / 收納　　已切好的皂避免陽光直接照射,須放置低溫、低濕的環境中晾皂,使其水分蒸發及 PH 值降低,經過 4 ～ 6 週的晾皂後即可將皂包裝起來。

皂室
小撇步

● 若是作渲染皂或是其他的造型變化時，需注意所使用的精油
或香氛是否會改變皂液顏色，此皂方所使用的香氛會使皂液
轉變成美麗的亮紅棕色，但皂化後顏色隨即變淡。
此技法要注意灌注過程中是否有皂液會流出，若有此情況發
生，可利用膠帶纏繞絲瓜絡。

● 此皂款很適合「便當族」。在外洗滌便當盒時，只需攜帶一
塊絲瓜絡皂，清洗食器就很方便。

09

去角質
沐浴皂

材料
MATERIAL

中性肌　油性肌

成品總重：750g

INS：144.5

油品

椰子油	22%	110g
棕櫚油	23%	115g
橄欖油	35%	175g
芝麻油	20%	100g

} 500g

- -

鹼液

| 氫氧化鈉 | | 74g |
| 水相：純水 *2.4 | | 178g |

- -

添加物

| 蕁麻葉粉 | | 3g |

- -

香氣

| 草本複方 | 1% | 5ml |
| 佛手柑精油 | 1% | 5ml |

作 法

step 1 前置作業　將油品及各項工具逐一準備妥善，接著在工作檯面鋪上報紙防汙，並穿戴口罩、手套、圍裙、護目鏡。

備妥模具並將小絲瓜絡置於模具中。

step 2 製作鹼液　將氫氧化鈉 74g 分次倒入 178g 的純水冰塊中並加以攪拌，放置一旁備用。

step 3 秤油品製作混合油　將所需油脂逐一秤入不鏽鋼鍋中，並加溫至 35 ～ 45℃之間

step 4 油鹼混合攪拌　油品與鹼液二者的溫度相當時，即可混合攪拌，充分均勻後將備妥的草本複方及佛手柑精油緩慢倒入，並持續攪拌至濃稠。

step 5　入模 /
皂化完成

1. 取出 300g 皂液調蕁麻葉粉使其變成黛綠色後倒入
　　模型中。

2. 再將剩餘的皂液倒入模具，移入保溫裝置中（保麗
　　龍箱或紙箱、保溫袋），待 24 ～ 72 小時後皂化反
　　應完成即可移出脫模。

step 6　晾皂 / 收納

已脫模的皂避免陽光直接照射，需放置低溫、低濕環
境中晾皂，使其水分蒸發及 PH 值降低，經過 4 ～ 6
週的晾皂即可將皂包裝起來。

皂室
小撇步

 此品種的絲瓜絡質地較為細嫩，可用來清洗臉部作為去角質
用，若不喜歡芝麻油的味道，可選用已除味的精製芝麻油來
製皂。

10

超浪漫
玫瑰皂

敏感肌　乾性肌　中性肌

材料
MATERIAL

 成品總重：約 670g
INS：133.1

 油品

棕櫚核仁油	17%	76g
棕櫚油	21%	95g
玫瑰浸泡橄欖油	12%	54g
杏桃核仁油	30%	135g
澳洲胡桃油	20%	90g

450g

 鹼液

| 氫氧化鈉 | | 63g |
| 水相：純水 *2.3 | | 145g |

 添加物

| 紅礦泥粉 | | 4g |

香氣

| 月季玫瑰 | 1% | 4.5ml |
| 波本天竺葵精油 | 1% | 4.5ml |

作 法

 step 1 前置作業

將油品及各項工具逐一準備妥善，在工作檯面鋪上報紙防汙使其易於整理，並穿戴口罩、手套、圍裙、護目鏡。

 step 2 製作鹼液

將氫氧化鈉 63g 分次倒入 145g 的純水冰塊中，並加以攪拌，放置一旁備用。

 step 3 秤油品製作混合油

將所需油脂逐一秤入不鏽鋼鍋中，並加溫至 35～45℃之間。

 TIPS

紅礦泥粉亦可在混合油中先行攪拌均勻，呈現赭紅色。

 step 4 油鹼混合攪拌

油品與鹼液二者的溫度相當時，即可混合攪拌，充分均勻後將備妥的紅礦泥粉及波本天竺葵精油緩慢倒入，並持續攪拌至濃稠。

 step 5 入模／皂化完成

1. 攪拌至濃稠狀即可將皂液倒入模具中，遇到紋路較細的模具，可先鋪一層皂液，再以圓頭的工具或用矽膠刷畫模底，如此一來紋路會更顯精緻。

2. 移入保溫裝置中（保麗龍箱或紙箱、保溫袋），待 24～72 小時後皂化反應完成即可移出脫模，接著依所需大小切塊。

step 6　晾皂 / 收納

已切好的皂避免陽光直接照射，須放置低溫、低濕環境中晾皂，使其水分蒸發及 PH 值降低，如此一來洗感會更佳，待經過 4～6 週的晾皂後即可將皂包裝起來。

11.
黃金豆漿
滋養皂

材料
MATERIAL

成品總重：450g

INS：134.6

油品

椰子油	18%	54g	⎫
棕櫚油	22%	66g	
橄欖油	40%	120g	⎬ 300g
黃金荷荷芭	10%	30g	
未精製乳油木果脂	10%	30g	⎭

- -

鹼液

| 氫氧化鈉 | | 42g |
| 水相：豆漿冰塊 *2.4 | | 100g |

- -

香氣

| 羅勒精油 | 1% | 3ml |
| 月光冥想 | 1% | 3ml |

93

作法

step 1 前置作業　將油品及各項工具逐一準備妥善，在工作檯面鋪上報紙防汙，並戴上口罩、手套、圍裙、護目鏡。

step 2 製作鹼液　將氫氧化鈉 42g 分次倒入 100g 的豆漿冰塊中，並加以攪拌。

TIPS 將豆漿用套鍋的方式放冰包於外鍋並加鹽巴，可持續低溫溶鹼（將鹽巴置於冰塊中可保持低溫）。

step 3 秤油品製作混合油　將未精製乳油木果脂與部分軟油加熱溶解，再倒入其他油品，混合油保持清澈，溫度保持室溫即可。

step 4 油鹼混合攪拌　油品與鹼液二者的溫度相當時，即可混合攪拌，充分均勻後將備妥的香氣緩慢倒入，並持續攪拌至濃稠。

step 5 入模 / 皂化完成　攪拌至濃稠狀即可將皂液倒入模具，移入保溫裝置中（保麗龍箱或紙箱、保溫袋），24 ～ 72 小時後待皂化反應完成即可移出脫模。

step 6 晾皂 / 收納　已切好的皂避免陽光直接照射，須放置於低溫、低濕的環境中晾皂，使其水分蒸發及 PH 值降低，經過 4 ～ 6 週的晾皂即可將皂包裝起來。

●全乳皂溶鹼可依此方法操作，用套鍋的方式放冰包於外鍋並
加鹽巴，可持續低溫溶鹼，是值得一試的好方法喔！
另外，大部分皂友溶乳鹼都會有個疑慮，溶完之後要幾度才
是正確的呢？其實這部分並無正確度數，只要不過於快速，
大多會在 32°C 以下，不呈現橘紅色又浮著一層蛋白質與鹼
水的化合物，且無散發出不好聞的氣味即可。

作全乳皂或豆漿皂需將母乳或豆
漿冷凍結成冰塊狀，再慢慢地將
氫氧化鈉以少量多次放進去，若
速度太快或溫度太高，就會呈現
橘色液體及鹼化物漂浮於上。

＊乳製品皆可依此方式進行操作。

CHAPTER
04

分層與渲染
大攻略

材料
MATERIAL

敏感肌　乾性肌　中性肌

成品總重：750g
INS：150.4

油品

椰子油	17%	85g	
棕櫚油	30%	150g	
橄欖油	30%	150g	} 500g
精製酪梨油	10%	50g	
可可脂	13%	65g	

鹼液

氫氧化鈉	73g
水相：純水 *2.5	183g

添加物

可可粉	2g
綠色珠光粉	0.5g
綠藻粉	1g

香氣

綠檀	1%	5ml
山雞椒精油	1%	5ml

作 法

step 1 前置作業

將油品及各項工具逐一準備妥善,在工作檯面鋪上報紙防汙,並戴上口罩、手套、圍裙、護目鏡。

1. 利用管狀的洋芋片空罐,將底部切開後朝上,作為皂液注入口。

2. 用保鮮膜包覆開口並套上餅乾蓋作為下底,另外使用投影片或賽路路片套在管模內部。

3. 將漏斗架上就是一個非常好用的沖渲管模工具了。

step 2 製作鹼液 　將氫氧化鈉 73g 分次倒入 183g 的純水冰塊中並加以攪拌，然後放置一旁備用。

 step 3 秤油品製作混合油 　將所需油脂逐一秤入不鏽鋼鍋中，並加溫至 35 ～ 45℃之間。

 step 4 油鹼混合攪拌 　油品與鹼液二者的溫度相當時，即可混合攪拌，充分均勻後將備妥的綠檀及山雞椒精油緩緩倒入，繼續拌勻。

 step 5 調色 / 入模 / 皂化完成

1. 當皂液表面有輕軌跡時即可分三鍋調色。取 200g 皂液加入綠藻粉及綠珠光粉調成綠色，再取 200g 皂液加入可可粉調成咖啡色，其餘原皂液倒入量杯中備用。

2. 依綠色→咖啡色→白色
→綠色→咖啡色→白色
順序循環倒入架著漏斗
的管模中，直到量杯裡
的皂液倒完為止。

3. 完成上述步驟後即可移
入保溫裝置中（保麗龍
箱或紙箱、保溫袋），
24～72小時後待皂化
反應完成即可移出脫
模，切皂。

step 6　晾皂／收納

已切好的皂避免陽光直接
照射，須放置低溫、低濕
環境中晾皂，使水分蒸發
及PH值降低，如此一來
洗感會更佳，經過4～
6週晾皂即可將皂包裝起
來。

皂室
小撇步

● 圓管的體積計算：半徑 * 半徑
3.14 高即為總皂液量。

總皂液量／1.5 就可算出所需
油量為多少，再依皂方比例來
配置油品的重量。

13
仿木紋
潔膚皂

材料
MATERIAL

成品總重：600g

INS：138.9

油品			
椰子油	27%	108g	
白油	22%	88g	
橄欖油	27%	108g	400g
米糠油	14%	56g	
紅花籽油	10%	40g	

鹼液		
氫氧化鈉		59g
水相：純水 *2.3		136g

添加物		
可可粉		3g

香氣		
月光素馨		4ml
尤加利精油		4ml

作 法

step 1　前置作業

將油品及各項工具逐一準備妥善,在工作檯面鋪上報紙防汙,並戴上口罩、手套、圍裙、護目鏡。

- -

step 2　製作鹼液

將氫氧化鈉 59g 分次倒入 136g 的純水冰塊中並加以攪拌,接著放置一旁備用。

- -

step 3　秤油品製作混合油

將所需油脂逐一秤入不鏽鋼鍋中,並加溫至 35 ～ 45℃之間,直至白油完全融化,混合油呈清澈狀。

- -

step 4　油鹼混合攪拌

油品與鹼液二者的溫度相當時,即可混合攪拌,充分均勻後將備妥的月光素馨及尤加利精油緩慢倒入,繼續拌勻。

- -

step 5　調色 / 入模 / 皂化完成

1. 當皂液表面有輕軌跡時即可分鍋調色,取 200g 加入可可粉並持續攪拌均勻。

2. 與原皂液倒入量杯中。

3. 用長柄湯匙劃二、三下。

4. 將皂液延著模具邊緣緩緩倒入，完成後將其移入保溫裝置中（保麗龍箱或紙箱、保溫袋），24 ～ 72 小時後待皂化反應完成即可移出脫模、切皂。

- -

step
6

晾皂／收納

已切好的皂避免陽光直接照射，需放置低溫、低濕環境中晾皂，以使水分蒸發及 PH 值降低，如此一來洗感會更好，經過 4 ～ 6 週的晾皂即可將皂包裝起來。

皂室
小撇步

●切皂方式如下圖紅色虛線所示。

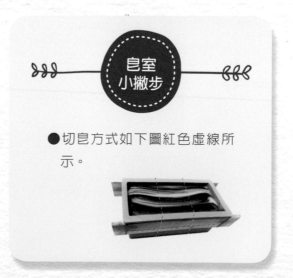

14

山茶花
洗髮皂

材料
MATERIAL

成品總重：1000g

INS：166.7

油品	椰子油	40%	280g
	當歸浸泡山茶花油	50%	350g
	蓖麻油	10%	70g

700g

| 鹼液 | 氫氧化鈉 | | 110g |
| | 水相：純水 *2.6 | | 286g |

| 添加物 | 何首烏粉 | | 10g |

| 香氣 | 迷迭香精油 | 1% | 7ml |
| | 雪松精油 | 1% | 7ml |

作 法

 step 1 前置作業　將油品及各項工具逐一準備妥善,在工作檯面鋪上報紙防汙,接著戴上口罩、手套、圍裙、護目鏡。

 step 2 製作鹼液　將氫氧化鈉 110g 分次倒入 286g 的純水冰塊中,並加以攪拌,放置一旁備用。

 step 3 秤油品製作混合油　將所需油脂逐一秤入不鏽鋼鍋中,並加溫至 35 ～ 45℃間

 step 4 油鹼混合攪拌　油品與鹼液二者的溫度相當時,即可混合攪拌,充分均勻後將備妥的迷迭香精油及雪松精油緩慢倒入,繼續拌勻。

 step 5 調色 /入模 /皂化完成

1. 當皂液表面有輕軌跡時即可分鍋調色,先取 350g 皂液加入 10g 何首烏粉並持續攪拌均勻。

2. 將攪拌均勻的皂液與原皂液倒入量杯。 **3.** 並用長柄湯匙劃二、三下。

4. 將皂液沿著模具邊緣左右來回倒入。

5. 移入保溫裝置中（保麗龍箱或紙箱、
保溫袋），24 ～ 72 小時後待皂化
反應完成即可移出脫模，切皂。

step
6

晾皂 / 收納

已切好的皂避免陽光直接
照射，需放置低溫、低濕
環境中晾皂，使其水分蒸
發及 PH 值降低，經過 4 ～
6 週的晾皂即可將皂包裝
起來。

皂室
小撇步

● 由於何首烏可促進毛髮生長，再加
入對頭髮有益的精油，的確是相當
值得一試的髮皂。水相部分也可改
用啤酒來取代純水溶鹼。

● 以酒類入皂需將酒精揮發（可加熱煮
沸冷卻）後再溶鹼，以免快速 Trace
導致攪拌不足，影響肥皂品質。

15

毛小孩
寵物皂

材料
MATERIAL

成品總重：450g

INS：156.9

油品			
椰子油	28%	84g	
棕櫚油	12%	36g	
苦楝油	33%	99g	300g
未精製酪梨油	17%	51g	
蓖麻油	10%	30g	

鹼液		
氫氧化鈉		45g
水相：純水 *2.5		112g

添加物		
苦楝粉		酌量

香氣		
香茅精油	1%	3ml
薰衣草精油	1%	3ml

作 法

前置作業
將油品及各項工具與模具逐一準備妥善,接著在工作檯面鋪上報紙防汙,並戴上口罩、手套、圍裙、護目鏡。

製作鹼液
將氫氧化鈉 45g 分次倒入 112g 的純水冰塊中加以攪拌,在氫氧化鈉溶解後放置一旁備用。

秤油品製作混合油
將所需油脂逐一秤入不鏽鋼鍋中,並加溫至 35 ～ 45℃間。

油鹼混合攪拌
油品與鹼液二者的溫度相當時即可混合攪拌,充分均勻後將備妥的香茅精油和薰衣草精油緩緩倒入,繼續拌勻。

調色 / 入模 / 皂化完成

1. 當皂液表面有輕軌跡時取 50g 皂液,加入少量苦楝粉後持續攪拌均勻,完成後放入三明治袋中。

2. 接著在頂部剪個小洞,將皂液擠入模內圖案後,再將剩餘的皂液倒入模內補滿。

3. 移入保溫裝置中（保麗龍箱或紙箱、保溫袋），24～72小時後待皂化反應完成即可移出脫模。

step 6　晾皂／收納

脫模後避免讓皂受到陽光直接照射，需放置低溫、低濕環境中晾皂，使其水分蒸發及 PH 值降低，經過 4～6 週的晾皂即可將皂包裝起來。

皂室小撇步

● 此皂方 Trace 速度會比較快，所以整體動作需加快，有輕軌跡時就要調色，作第一層的擠入皂液入模。
● 苦楝油的味道夾帶著麻油大蒜的氣味，有些人不喜歡，可用香茅精油抑制其味道。

16.
清涼小玉
西瓜皂

材料
MATERIAL

中性肌　油性肌

成品總重：600g

INS：140

椰子油	26%	104g	
白油	22%	88g	
葡萄籽油	15%	60g	400g
橄欖油	15%	60g	
甜杏仁油	22%	88g	

 油品

 鹼液

氫氧化鈉	59g
水相：純水 *2.4	142g

 添加物

胡蘿蔔素	5g
深綠珠光粉	0.1g
蕁麻葉粉	0.5g

香氣

安息香精油	0.25%	1ml
薄荷精油	2%	8ml

作 法

 前置作業 將油品、模具及各項工具逐一準備妥善,接著在工作檯面鋪上報紙防汙,並戴上口罩、手套、圍裙、護目鏡。

 製作鹼液 將氫氧化鈉 59g 分次倒入 142g 的純水冰塊中加以攪拌,溶解後將其放置一旁備用。

 秤油品製作混合油 將所需油脂逐一秤入不鏽鋼鍋中,並加溫至 35 ~ 45℃間。

 油鹼混合攪拌 油品與鹼液二者溫度相當時即可混合攪拌,充分均勻後將備妥的薄荷精油緩慢倒入,並繼續拌勻。

 調色／入模／皂化完成

1. 當皂液表面有輕軌跡時即可分鍋調色,取 20g 皂液加入深綠珠光粉及 5 滴安息香精油並持續攪拌後平均鋪於模具底部,接著用直尺隨意畫出線條,製作西瓜皮的紋路。

2. 取 50g 皂液加蕁麻葉粉調色，並加 20 滴安息香精油攪拌均勻即倒入模內。

3. 等皂液稍硬時，再將原色皂液 50g 加入 20 滴安息香精油平鋪於上，建議用長柄湯匙擋著皂液，以減少衝擊力。

4. 待原色皂液稍硬了，即可將剩餘的皂液添加胡蘿蔔素調色，操作第四層時，先倒一部分皂液。接著準備黑色皂邊，作為西瓜籽，然後將長條形的黑色皂邊置入，重覆二、三次。

5. 待黑色長條皂邊全部置入模內，黃色皂液全部入模即完成，移入保溫裝置中（保麗龍箱或紙箱、保溫袋），24～72小時後皂化反應完成即可移出脫模、切皂。

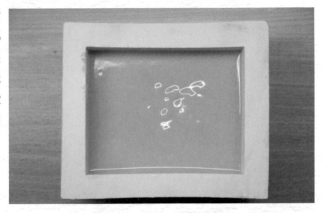

晾皂／收納　已切好的皂不可直射陽光，需放置低溫、低濕環境中晾皂，使其水分蒸發及 PH 值降低，洗感更佳，經過4～6週的晾皂即可將皂包裝起來。

皂室小撇步

● 西瓜皮的製作可利用前一鍋剩餘的皂液，不需另外再打一鍋，以節省時間與作業程序，以細長條黑色皂邊入皂即可呈現滿滿的西瓜籽。

● 此皂款使用安息香精油的作用是為了讓底層的皂液快速凝結，製作出分層效果，模擬出小玉西瓜的感覺。

17
榛愛層層
波浪皂

敏感肌 乾性肌 中性肌

材料
MATERIAL

 成品總重：600g
INS：136.7

 油品

椰子油	16%	64g
棕櫚油	20%	80g
橄欖油	42%	168g
榛果油	22%	88g

400g

 鹼液

氫氧化鈉	58g
水相：純水 *2.3	133g

 添加物

胡蘿蔔素	2ml
粉紅石泥粉	1.8g
藍色色粉	1g

香氣

白千層精油	1.5%	6ml
百合香精	0.75%	3ml

百合香精可使皂液加速凝結變硬，
安息香、冬青精油亦有此加速效果。

作 法

 step 1 前置作業 　將油品模具及各項工具逐一準備妥善，在工作檯面鋪上報紙防汙，接著戴上口罩、手套、圍裙、護目鏡。

 step 2 製作鹼液 　將氫氧化鈉 58g 分次倒入 133g 的純水冰塊中並加以攪拌，溶解後放置一旁備用。

 step 3 秤油品製作混合油 　將所需油脂逐一秤入不鏽鋼鍋中，並加溫至 35 ～ 45℃間。

 step 4 油鹼混合攪拌 　油品與鹼液二者的溫度相當時，即可混合攪拌，充分均勻後將備妥的白千層精油緩慢倒入，繼續拌勻。

 step 5 調色 / 入模 / 皂化完成

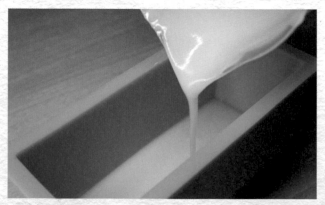

1. 當表面有輕軌跡時即取 175g 皂液，加入 60 滴百合香精攪拌均勻即可倒入模內。

2. 再取 80g 原色皂液添加胡蘿蔔素及 30
   滴百合香精攪拌均勻,待第一層皂液
   呈現無流動狀態後,即可將調好顏色
   的皂液倒入,建議使用長柄湯匙輔助
   入模。

可用竹籤測試皂
液的流動性。

3. 當皂液不會回復原狀即可用波浪刮板
   沿著模邊刮過,接著在上面灑粉。

4. 此時取 175g 皂液,加入粉紅石泥粉
   與 30 滴百合香精於量杯內攪拌,在
   皂液保有流暢的速度時,倒入土司模
   中即可呈現分層工整的狀態。

5. 當皂液不會回復原狀時,即可用波
   浪刮板沿著模邊刮過。

6. 於最上層灑粉，接著將剩餘皂液加入
藍色色粉攪拌均勻後入模，完成後即
可移入保溫裝置中（保麗龍箱或紙
箱、保溫袋），24 ～ 72 小時後待皂
化反應完成即可移出脫模、切皂。

- -

step 6 晾皂／收納　已切好的皂避免陽光直接照射，需放置低溫、低濕環
境中晾皂，使其水分蒸發及 PH 值降低，經過 4 ～ 6
週的晾皂即可將皂包裝起來。

TIPS　超方便又省錢的篩粉工具製作：可用小圓罐套著紗網來替代網篩工
具，即可灑出很均勻的細粉。

準備一個小空
罐、橡皮圈、紗
網、植物粉。

將植物粉裝入罐
中，用橡皮筋將
網袋束緊即可。

● 先構思出想要的樣式（層數、顏色…），接著計算出每層需使用的皂液量。利用能加速皂化的香精或精油，可讓皂液在短時間呈現不流動狀態。

● 如何作出平整的波浪

將塑膠刮板裁剪出配合土司模的寬度。

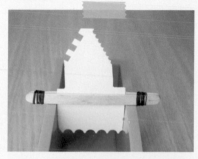

利用冰棒棍與二條橡皮筋夾住已裁剪好的波浪刮板，將冰棒棍沿著模邊移動即可畫出平順的波浪。

● 解除土司模外擴的方法

當土司模裝滿皂液時，就會跑出鮪魚肚，要克服此現象，可使用二條橡皮筋及二片木板處理。

多個小動作，外擴的情況就解決了，是不是很簡單呢！

敏感肌 乾性肌

材料
MATERIAL

成品總重：1000g

INS：131.8

油品

椰子油	10%	70g
棕櫚油	18%	126g
橄欖油	52%	364g
精製乳油木果脂	20%	140g

} 700g

鹼液

氫氧化鈉		98g
水相：純水 *2.3		225g

添加物

胡蘿蔔素		酌量
藍色色粉		0.4g
青黛粉		2g

香氣

月光素馨	1%	7ml
迷迭香精油	1%	7ml

作 法

 step 1 前置作業　　將油品、模具及各項工具逐一準備妥善，在工作檯面鋪上報紙防汙，並戴上口罩、手套、圍裙、護目鏡。

 step 2 製作鹼液　　將氫氧化鈉 98g 分次倒入 225g 的純水冰塊中並加以攪拌，溶解後放置一旁備用。

 step 3 秤油品製作混合油　　將所需油脂逐一秤入不鏽鋼鍋中，加溫至完全溶解使其溫度介於 35 ～ 45℃之間。

 step 4 油鹼混合攪拌　　油品與鹼液二者的溫度相當時即可混合攪拌，充分均勻後將備妥的月光素馨與迷迭香精油緩慢倒入，繼續拌勻。

 step 5 調色 / 入模 / 皂化完成

1. 將皂液取出 225g 並分裝成三杯，每杯約 75g 分別調色。A 杯為藍色皂液，B 杯為青黛粉皂液，C 杯為胡蘿蔔素皂液，剩餘的原色皂液均分二杯置於量杯中備用。

2. 將模具傾斜，取原色皂液沿模邊倒入，來回一次即可，接著原色皂液加入少許
　　A杯皂液調勻。

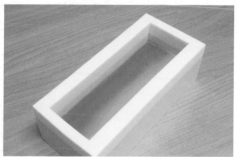

3. A杯皂液與第一杯原色皂液分次調和，
　　重覆操作直到二杯兌完為止，顏色即
　　成漸層狀態。

4. A杯皂液與第一杯原色皂液調和完成
　　後，模內皂液量呈現半模狀態。

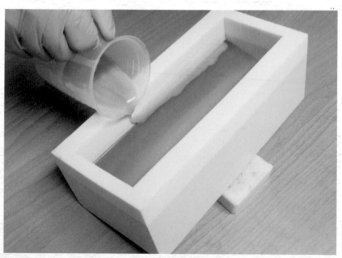

5. 將C杯沿著模邊倒
　　入模內，切皂時會
　　產生不同的效果。

6. 此時需將土司模轉向 180 度，繼續用相同
   的手法操作，只是顏色更換為 B 杯皂液與
   第二杯原色皂液分次漸漸調和，直到滿模
   為止。接著移入保溫裝置中（保麗龍箱或
   紙箱、保溫袋），24 ～ 72 小時後待皂化
   反應完成移出脫模、切皂。

- -

step
6

晾皂 / 收納

已切好的皂避免陽光直接照射，放置低溫、低濕的環
境中晾皂，使其水分蒸發及 PH 值降低，洗感更佳，
經過 4 ～ 6 週的晾皂即可將皂包裝起來。

● 可將皂液塗抹於土司模的邊緣及量杯下方,有利於操作時的
流順度。

● 此款土司模尺寸為 7×7×21cm,採三種切皂方式,可切成
9 塊,每塊大約為 7×7×2.3cm,並可呈現出不同面向。

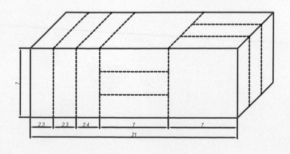

19.
療癒系
乳牛皂

ANTIQUE TIN
No.2
CLASSIC

134

一般肌

材料
MATERIAL

成品總重：480g

INS：146.5

油品			
椰子油	20%	64g	
棕櫚油	30%	96g	320g
榛果油	30%	96g	
乳油木果脂	20%	64g	

鹼液		
氫氧化鈉		47g
水相：純水 *2.4		113g

添加物		
備長炭粉		0.1g

香氣			
白柚菁萃	1%	3ml
茶樹精油	1%	3ml

作 法

 step 1 前置作業　將油品、模具及各項工具逐一準備妥善，在工作檯面鋪上報紙防汙以易於整理，並戴上口罩、手套、圍裙、護目鏡。

 step 2 製作鹼液　將氫氧化鈉 47g 分次倒入 113g 的純水冰塊中並加以攪拌，放置一旁備用。

 step 3 秤油品製作混合油　將所需油脂逐一秤入不鏽鋼鍋中，加溫至完全溶解使其溫度介於 35 ～ 45℃之間。

 step 4 油鹼混合攪拌　油品與鹼液二者的溫度相當時，即可混合攪拌，充分均勻後將備妥的精油緩慢倒入，繼續拌勻至呈現玉米濃湯狀態。

 step 5 調色 / 入模 / 皂化完成

1. 取部分皂液加備長炭粉調成黑色後裝入三明治袋中備用。

2. 開始繪製乳牛斑點，繪製完成再將原色皂液平鋪於上。

3. 亦可繪製白色乳牛斑點再倒入黑色皂液，平鋪至滿模即完成。接著移入保溫裝置中（保麗龍箱或紙箱、保溫袋），24 ～ 72 小時後待皂化反應完成移出脫模。

step
6

晾皂 / 收納 已脫模的皂避免陽光直接照射，放置低溫、低濕的環境中晾皂，使其水份蒸發及 PH 值降低，洗感更佳，經過 4 ～ 6 週的晾皂即可將皂包裝起來

皂室
小撇步

● 若不好脫模，可放置冰箱冷凍庫 40 ～ 60 分鐘，即可順利脫模。

● 依據此工法也可練習繪製其他的動物紋，例如斑馬、長頸鹿、花豹等，同樣非常有趣喔！

CHAPTER
05

捲皂之快樂捲捲

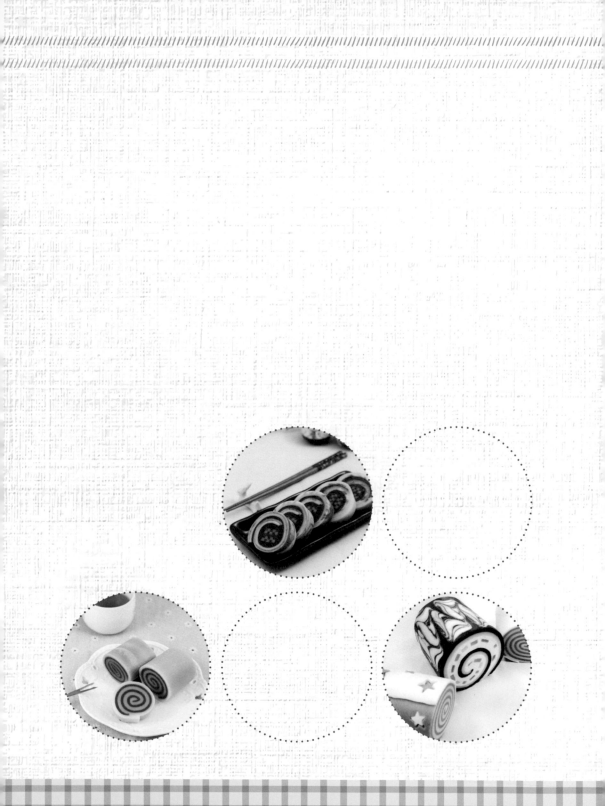

捲捲皂緣起

許多皂友都會很好奇的問我，阿月老師，您為何會有製作捲皂這個創意呢？其實，捲捲皂的產生是我在無意中發現的。

有打皂經驗的皂友應該多少都曾遇過，當皂在皂化後有時表面會產生白粉，雖不影響洗感，卻會在意其所呈現出的美感，因此就用修皂器將白粉刨掉，然而台灣在十幾年前手工皂並不是那麼的盛行，因此在工具的取得上都是就地取材或是自行 DIY，當時我利用木工用的刨刀把白粉修掉，但因寬度不夠無法將皂粉一次刨除乾淨，於是思考該使用何種工具能將白粉一次刮除，就在看著桌面的皂條與自製的線刀過程中，突然靈光一現，於是片皂的技巧就在天馬行空中產生了。皂的薄片刨下來後，白粉也一併削除了，由於我本身具有烘焙技術，遂想到將片下來的皂薄片相疊後捲在一起，捲捲皂就這樣誕生囉！

創意原本就是天馬行空，因此當靈感來臨時，就應該馬上記錄下來，否則會稍縱即逝喔！

捲～捲～捲～捲出歡樂與創意

掌握三大要素，就能成功作出可愛的捲捲皂。

製作皂體

皂體以平順工整為首要，至少要有二色的皂體，可以是渲染皂、分層皂、素色皂。製作捲皂並沒有絕對的配方，只要 INS 值低於 150，在正常情況下都行。模具以土司模為主，優點是便於脫模且形狀方正，皂體愈平整就愈能與工作墊密合，片皂失誤率也就愈低。模子的寬度一定要小於 12 公分，因為線刀寬度是有限制的，但在長度上無限，然而皂片愈長或愈厚，所捲出來的皂相對就愈大捲。

工具：塑膠工作（餐）墊、線刀

皂條製作可依此篇所提供之皂方，作渲染皂、分（漸）層皂或單一顏色的皂款互相搭配，模具以土司模為佳，寬度一致，長度不拘，就可作出屬於自己的創意，獨樹一格的捲捲皂喔！

脫模片皂

要訣是手要穩，心要平。通常 24 小時後即可脫模片皂，若一捲就裂開也不用太擔心，這時可能是油鹼結合尚未完全反應完成，把它包覆起來，不要晾皂，隔3～4 天後再來操作。當然要排除失溫的鬆糕或失誤過鹼的皂體；片皂時一定要心平氣和，線刀的二個端點絕不可離開工作墊，若離開工作墊，基準即移位了，所片出來的皂片一定是厚薄不一，不但很難捲，就算勉強捲起來，在形狀上有時會變形或是空洞不密合，且會影響下一片的完整性。

捲皂

捲皂時力道要拿捏好，雙手像捲壽司般慢慢地將組合好的皂片，確實的往前捲，好的開始是成功的一半，起始點一定要作好，後續動作才能順利進行，新手切記不要以單手將皂體往前推進，這施力是不均的，皂體也容易滑動，不利捲皂，在教學過程中，很多學員常犯了這個錯誤，請各位讀者要注意喔！當然熟練後掌握力道的拿捏就不在此限了。

只要開始動手捲，就能體會創皂的幸福與快樂。看似平凡的清潔用品 ── 手工皂也能作出像蛋糕捲般的造型，那種喜悅與成就感，就等您來體驗囉！

材料
MATERIAL

乾性肌

成品總重：1000g

INS：129.7

油品			
椰子油	10%	70g	⎫
棕櫚油	18%	126g	
橄欖油	67%	469g	700g
蓖麻油	5%	35g	⎭

鹼液		
氫氧化鈉		98g
水相：純水 *2.4		235g

添加物		
粉紅色粉		1g
黑可可粉		1g

香氣		
清新精粹	1%	7ml
檸檬精油	1%	7ml

作法

step 1 先製作分層皂，作法可參考 P124，24 小時脫模後，將皂條放在平坦的工作墊上。

step 2 利用線刀來片皂。先從角落順勢切入，一手拿線刀，另一手要貼住皂條使其與工作墊貼平，接著線刀緩緩切入皂條。

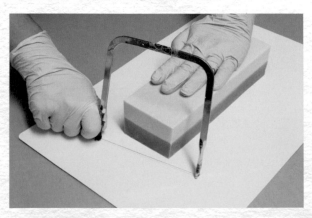

step 3

當線刀離開皂條時,記得要用手擋一下線刀,以防線刀在瞬間斷掉。

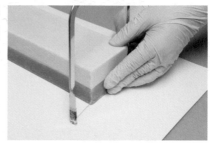

step 4

當線刀片完皂片後,鋼弦上會留有皂屑,要記得擦拭乾淨,以確保下一片皂的整潔。

step 5

將皂條反過來再片另一個顏色,厚薄均一完整的皂片,這樣就有二片不同顏色的皂片。

step 6

有了二片皂片就可開始來操作最基礎的二片捲了。首先,兩片相疊,並留有一指寬的距離。

下層紅色皂片往上折。

貼於白色皂片並壓下塗
抹，使上下層皂片貼
合，多了這個小動作，
可使捲皂圓心緊密。

即可開始順勢捲起，力
道平均往前推進。

step 8 捲完之後將內層多出來的皂片用線刀裁斷。

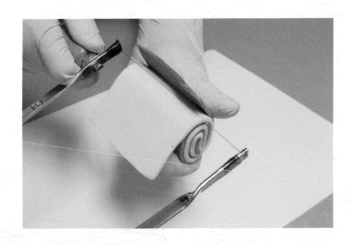

step 9 將尾端封口修飾完整。

step 10 放入切皂台,將不平整的部分切除即完成。

材料
MATERIAL

成品總重：1500g

INS：147.7

油品			
椰子油	23%	230g	
棕櫚油	25%	250g	
橄欖油	12%	120g	
蓖麻油	5%	50g	1000g
米糠油	15%	150g	
澳洲胡桃油	20%	200g	

- -

鹼液		
氫氧化鈉		148g
水相：純水 *2.5		370g

- -

添加物		
備長炭粉		10g

- -

香氣		
草本複方	1%	10ml
茶樹精油	1%	10ml

作 法

step 1

依 P146 片皂方法，
取二片皂片，上下留
間距 0.3 公分相疊。

step 2

開始塑一個小圓作為
基準，順勢慢慢捲
上。

TIPS

與扁形捲皂最大不同即
在於起始處，扁形是二
片相差一指寬，而圓形
是 0.3 公分，熟練後可
依自己的喜好做距離上
的調整。

step
3

捲至尾端將多出來的
皂邊裁掉。

step
4

接著將外側貼合。

step
5

移至切皂台將不平整
處切除即完成。

材料
MATERIAL

敏感肌　乾性肌

成品總重：1500g

INS：139

油品	椰子油	15%	150g
	棕櫚油	25%	250g
	橄欖油	30%	300g
	蓖麻油	3%	30g
	甜杏仁油	15%	150g
	乳油木果脂	12%	120g

1000g

鹼液	氫氧化鈉		143g
	水相：純水 *2.4		343g

添加物	胡蘿蔔素	1%	5g
	可可粉	1%	5g
	綠色色粉	0.2%	1g

香氣	東方岩蘭	2%	20ml

作 法

依 P146 片皂方法，取三
片不同顏色的皂片。

先將二片重疊，間距大約一指寬。

將底部的黃色皂片往上捲，與第
三片咖啡色皂片平順接上貼合。

順勢捲起。

step
5

有時皂體較硬或施力不均會造成中間有空洞。

step
6

發生此現象時，可用同色的皂邊塗抹於空洞處即可。

step
7

將完成的捲皂放入切皂台內切除不平整的皂邊即完成。

step
8

接著切出大約2公分寬度的捲皂，將冰棒棍削尖插入即完成。

油性肌

材料
MATERIAL

 成品總重：1500g

INS：148.7

油品	椰子油	28%	280g	
	棕櫚油	20%	200g	
	橄欖油	12%	120g	
	蓖麻油	5%	50g	〉1000g
	甜杏仁油	15%	150g	
	芝麻油	10%	100g	
	米糠油	10%	100g	

鹼液	氫氧化鈉		150g
	水相：純水 *2.5		375g

添加物	可可粉	1.5%	11g
	綠色色粉	0.2%	1.5g

香氣	月光素馨	1%	10ml
	薄荷精油	1%	10ml

作 法

依 P146 方法，先取 4 片皂片，依
二片捲的疊法製作，第三片則與
第一片的反折處銜接。

接著將第四片置於第三片的上方
約一指寬處並抹平。

開始往上折一折。

依形狀順勢捲起。

step 5

因 4 片等長，故捲至最後，內部的皂片會多出來，這時可將它用線刀裁修掉。

step 6

裁修第二及第四片，裁切長度約比第一片及第三片短一指，即可將其覆蓋。

step 7

外片覆蓋內片時，內片可先抹平貼於皂體上，外片即可完美的服順黏貼於捲皂表面。

step 8

置於切皂台內，將不平整的皂邊切齊即完成，圓心即有環環相扣的圖形出現。

材料
MATERIAL

成品總重：1500g

INS：141.3

油品			
椰子油	18%	180g	⎫
棕櫚油	24%	240g	
蓖麻油	6%	60g	⎬ 1000g
榛果油	20%	200g	
乳油木果脂	12%	120g	
山茶花油	20%	200g	⎭

鹼液		
氫氧化鈉		145g
水相：純水 *2.5		362g

添加物		
粉紅色色粉	0.2%	1.5g
綠色色粉	0.2%	1.5g

香氣		
經典岩蘭	1%	10ml
苦橙葉精油	1%	10ml

作法

step
1

依 P146 片皂方法，取一長一短
皂片及皂邊、皂土。

TIPS

將皂邊揉搓即
可成為皂土。

step
2

先將二片
疊好。

step
3

將皂土像塗抹奶油般抹上。

step
4

抹平後再將皂邊一一平鋪其上。

step 5

接著再鋪一層皂土，將皂邊全部蓋滿並且抹平。

step 6

接著順勢捲上。

step 7

最後將多出來的皂土回壓進去捲皂內。

step 8

將邊修齊即完成。

CHAPTER 06

魔幻馬賽克之
疊疊樂

魔幻馬賽克皂之緣起

　　繼捲捲皂之後又燃起了一個新的創意火花，與女兒安安在一次的玩皂空間裡，拿起手邊的皂條，捲著捲著就融入共同的創意元素，幾何形狀的馬賽克皂竟然就在毫無預期中誕生了，靈感來自日常生活裡，磁磚的排列，磚塊的堆疊，幾何線條的鋪陳，不拘一格的模式都可展現於手工皂中，讓我們一起捲起袖口玩皂吧！享受手工皂帶給我們的滿足與喜悅。

馬賽克與捲捲皂異曲同工之處

　　必備工具皆為線刀，是不可或缺的利器；捲捲皂在片皂時是移動線刀，皂體不動；而馬賽克皂是移動皂體而線刀不動，因要取不同厚度的皂片，所以需將線刀墊高，此時皂體需墊塑膠墊片以利滑動。

　　依所需的厚度墊上不同高度的小工具（例如：大小積木、切割墊、冰棒棍等）即可取得所需厚度的皂片。

　　馬賽克皂與捲捲皂的皂方大同小異，幾乎是可通用的，所以在作捲皂的同時也可以玩馬賽克皂喔！

工具

1. 線刀：切皂必備工具
2. 水彩筆：沾水用
3. 小墊片：墊於皂下方利於滑動
4. 大墊片（塑膠餐墊）：保護桌面利於工作
5. 墊高工具：積木、冰棒棍等可將線刀架高，切出不同厚度皂片的工具。
6. 純水：黏合的材料

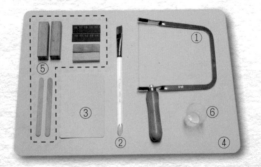

材料
MATERIAL

成品總重：3600g

INS：143.6

油品	椰子油	20%	480g	⎫
	棕櫚油	20%	480g	
	橄欖油	38%	912g	2400g
	蓖麻油	6%	144g	
	酪梨油	16%	384g	⎭

鹼液	氫氧化鈉		351g
	水相：純水 *2.5		878g

香氣	草本複方	1%	24ml
	檸檬精油	1%	24ml

模具

1. 紅色皂體 600 g：紅麴粉 3 g + 紅石泥粉 2 g
2. 黑色皂體 600 g：備長炭粉 6 g
3. 綠色皂體 600 g：綠礦泥粉 2.5 g
4. 黃色皂體 600 g：葫蘆巴粉 3 g + 黃色耐鹼色粉 1 g
5. 藍色皂體 600 g：青黛粉 9 g
6. 白色白體 600 g：原色無添加

25

馬賽克皂之
基本款

作法

1 取青黛皂塊及原色皂塊。

2 皂體擺正置於墊板上,手持線刀架於積木上方,與工作墊保持垂直。

3 接著手推皂塊平滑於工作墊上。

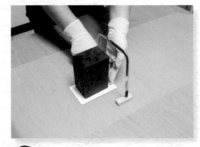

4 皂塊行進至線刀末端時應平穩將皂推出。

5 此時取皂需用扭轉的方式將皂片取下,切記不可太大力以免皂體變形。

6 若線刀上有皂屑記得要擦拭乾淨。

7 依前述步驟各取二片藍白皂片。

8 顏色相間堆疊。

9 接著用水彩筆沾純水塗抹於切面上。

10 每個切面皆如此操作。

11 黏合後調整位置使其工整。

12 轉90度後再切割皂體。

13 接著取下皂體。

14 依此類推將皂塊切開,亦可於後端加塊墊子以防施力不均。

15 將切開後的皂塊反面貼合即可呈現出格子狀。

16 依序用水彩筆沾純水塗抹於切面上。

17 貼合後即完成格子皂條。

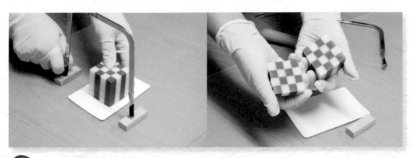

18 將格子皂條轉九十度後再次切開。

19 接著塗抹純水增加黏度,
一片一片黏合。

20 將邊修飾一下
即大功大成。

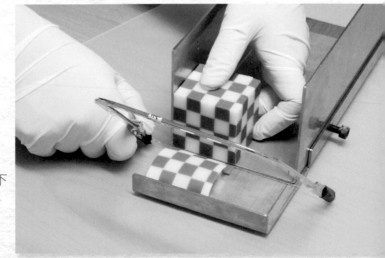

作 法

1 取黑色及黃色皂塊各一

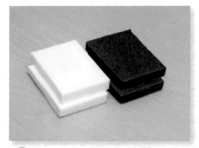

2 依 P172 方法，各切出二皂片。

3 顏色相間堆疊。

4 黏合完成後轉九十度切割皂體。

5 依序切完。

6 將皂體反轉貼合。

7 轉九十度再次切割。

8 要切出薄片時,先將線刀架於冰棒棍上。距離縮短,厚度變薄。

9 切割二片較薄的皂體,其餘的厚度皆一致。

10 開始黏貼皂體。

11 將二片薄的夾於中間位置。

12 這樣視覺效果就不一樣了。

13 將邊修飾一下
即大功告成。

皂室
小撇步

若皂體緊黏貼在墊片上，可將線刀
貼於墊片滑過，即可取下薄皂片了。

ORIGINALS

作 法

1 取紅色、綠色及白色皂塊。

2 依前述方法,綠色及紅色皂塊各取二片,白色薄片取三片。

3 如上述圖面依序排列。(綠→白→粉→白→綠→白→粉)

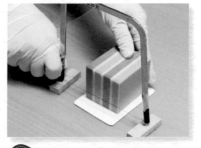

4 排列整齊並貼合後轉向切割。

5 完成切割後,再取三片白色薄片當夾層,轉向後再貼合即完成。

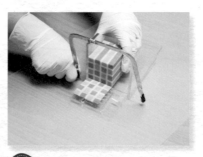

6 修飾一下邊緣即大功告成。

28
古樸砌磚皂

作 法

1 取紅色、藍色皂塊。

2 皂塊有三種厚度，因此準備三種不同高度的工具。

3 如上圖所示，切出二高一低及二細片。

4 如上述圖面依序排列。

5 緊密黏合後，轉向九十度再裁切。

6 裁切後再片出細片夾入皂體中緊密貼合。

7 貼合時需轉向,才會呈現
出格子交錯穿插。

8 依序重複動作,即可完
成。

9 依所需厚度再次切割,即為完整的一塊皂了。

皂室
小撇步

●你也可以這樣作：
使用渲染的皂塊來組合也是很美喔！

作 法

1 將六塊皂體各片出一塊皂塊備用。

2 此次使用的墊高工具為綠色切割墊、小積木、大積木。

3 將各色皂片整齊貼合好。
（藍粉→綠→白→藍→黑）

4 轉向九十度切割

5 依墊高工具不同，切割出不同高度的皂塊。
使用大積木墊高 ×2
使用小積木墊高 ×2
使用切割墊墊高 ×2

6 依序反轉排列黏合，再依所需大小切皂即完成。

作 法

① 先取 4 片皂片。

② 顏色相間堆疊並貼合。

③ 貼合後轉九十度，線刀架高後進行切割動作。

④ 反轉互相交疊。

⑤ 成品側面示意圖。

⑥ 正面馬賽克皂條示意圖。

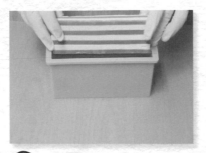

7 直立於土司模內。

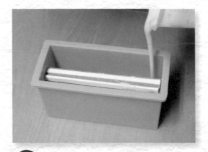

8 二側要平均倒入，馬賽克
牆才不會傾斜。

9 灌滿後將木板夾住模具外側，如此一來就能防止外擴了。

Q&A 解惑教室

Q1 何謂冷製皂、熱製皂、再生皂、MP 皂？

A **冷製皂**（Cold Process Soap）：簡稱 CP 皂，為大多數手工皂 DIY 同好最愛使用的方法。原料品質看得見，選擇喜愛的油品與物料，製作過程保持攝氏 50℃以下，混合攪拌經皂化反應而得到的肥皂，經 4 ～ 6 週即可使用，這也是本書所採用的製皂方法。

熱製皂（Hot Process Soap）：簡稱 HP 皂。油品加鹼水中和後，利用加熱提高溫度加速反應，1 ～ 2 小時後即完成，冷卻脫模後就能使用。

再生皂（Rebatching Soap）：又稱研磨皂。將皂化不完整的 CP 皂，或是不滿意 CP 皂體重新刨絲，切小片後放入加熱器中（電鍋、微波爐、瓦斯爐）煮成糊狀再入模，經數天脫模後即可使用，重新賦予新生命。

MP 皂（Melt &Pour Soap）：利用現成的皂基加熱融化後加入喜歡的顏色、香氣及添加物，經攪拌均勻後再倒入模型內，大約 1 ～ 2 小時冷卻後即可脫模使用。

Q2 打皂使用的工具應選擇何種材質？

A 原料中就屬氫氧化鈉較為危險，屬強鹼材料，盛裝容器更應注意。塑膠 PP5 號、不鏽鋼、矽膠等皆屬安全材質，嚴禁使用鋁製材質，鋁與氫氧化鈉的反應非常強烈，應避免使用。

Q3 下雨天適合作皂嗎？

A 製作冷製皂是沒問題的，但若是作皂基（MP 皂）就比較不建議，因為下雨天濕度較高，皂基較會吸附空氣中的水氣而產生水珠，影響外觀。

Q4 要用多少的水量來溶氫氧化鈉呢？

A 水量倍數多寡不是一成不變，在一個範圍內皆可，可隨個人喜好來操作，水量多一點，成皂會稍軟些，晾皂後皂體縮水會比較明顯；水量少一點，製作出來的皂會稍硬些，晾皂後皂體縮水則較不明顯。通常我會給新手的建議如下：

水量使用比例參考	
(可依自己的習慣與經驗作水量多寡的調整)	
INS120 ～ 130	水量 2 倍～ 2.2 倍
INS130 ～ 140	水量 2.3 倍～ 2.4 倍
INS140 ～ 150	水量 2.4 倍～ 2.5 倍
INS150 ～ 160	水量 2.5 倍～ 2.6 倍
INS160 ～ 170	水量 2.6 倍～ 2.7 倍

Q5 打皂過程中若不慎碰到皂液或鹼水該如何處置？

A 立即用清水沖洗數分鐘後塗上藥膏，若覺不適應至醫院就醫。千萬不要馬上用醋來中和，因為酸鹼中和反而會有放熱反應，將使皮膚受到更大刺激。

Q6 一鍋皂需花多少時間完成，或需打多久的時間才能入模呢？

A 這沒有確切的答案，排除加了會加速皂化的精油或香精因素外，與所使用的油品特性有關。另外，還有以下因素：

1. 鹼水的濃度：濃度愈高愈快 Trace，也就是說水量與氫氧化鈉的比例愈小，濃度就愈高，就會加速 Trace 的時間，例如採用 1.8 倍的水溶鹼會比用 3 倍的水快 Trace，縮短入模時間；反之，若是水量與氫氧化鈉的比例愈大，濃度就愈低，也會延緩 Trace 的時間。所以當製作月桂果油皂時，可把水分拉高以避免快速 Trace，拉長攪拌的時間，讓皂化更加臻於完善。

2. 溫度的高低：溫度愈高，動能增加，分子運動速度變快也愈容易 Trace，在相同條件下，若提高油鹼溫度亦會縮短 Trace 的時間，因此在溫度 50℃ 的狀況下會比 40℃ 來得快 Trace。

3. 攪拌的速度：攪拌速度愈快增加分子碰撞的機率也愈高，Trace 的時間也會變快；所以用電動攪拌器輔助打皂會比手動攪拌來得快。

Q7 裝油品的容器用完後及空的精油瓶該如何處理？

A 小容量的油瓶可拿來分裝油品，但在分裝油品時要先檢視舊油瓶是否有油耗味，若已有油耗味產生應放入資源回收車，不要使用；空精油瓶可放擴香竹以增加居家氣氛。

Q8 從哪些跡象可以看出手工皂已經壞掉了？

A 從外觀判別，若出現泛黃色油漬，有時會以點狀或大面積呈現並伴隨著油耗味，則表示此皂已酸敗，這時可將黃斑處挖除，剩餘皂體應盡速使用完畢。

Q9 為何使用髮皂會有乾澀或黏膩感？

A 髮皂可把頭皮洗得非常乾淨，但有些人卻對它望卻步 ，覺得髮絲都糾結在一起，無法適應。這是因為弱鹼性的手工皂會使髮絲上的毛麟片打開，而皂中的脂肪酸或髮上的油垢與自來水中的礦物質形成皂垢，而帶來黏膩感。

其實這狀況是能克服的，只要在洗髮前先用軟梳子將頭髮梳過，可減少頭皮屑及灰塵，順便按摩頭皮，再將洗髮皂搓出泡沫，以指腹洗頭皮，手指順髮絲，之後再用大量清水沖洗乾淨，擦髮時不要用毛巾夾著髮絲左右搓揉，應該以乾毛巾包覆頭髮，採拍打或按壓方式讓頭髮的水分被毛巾吸乾，半乾後再用吹風機吹乾，由髮根順著髮尾方向撥動頭髮即可。

Q10 手工皂的保存方式及保存期限？如何養出老皂呢？

A 晾皂時應置於陰涼且通風乾燥處，一般而言濕度 65% 以下是可接受的，當濕度高時皂體會出現水氣潮濕狀，應立即擦拭，並開除濕機降低濕度，或者置於紙箱內（保麗龍箱亦可），於箱內放置水玻璃防潮，待室外濕度降低時再移出。已熟成的手工皂應妥善包裝，以杜絕因氣候忽乾忽濕、陰晴不定而影響皂體品質，切記勿受到太陽直接照射，或是置於西晒的房間，即可延長手工皂的使用期限。

手工皂的有效使用期限依油脂特性與品質不同，時間長短也不一，短則數週，長則數年，只要收藏良好，大部分的手工皂保存一年以上是沒有問題的。一年以上保存良好的手工皂我們就可稱之為老皂了。

Q11 精油與香精的差異性？

A 精油是大自然的恩賜，從植物的花、莖、葉、根、果實中萃取出的芳香因子，較具療效性、揮發性比香精高；香精則是合成而來，模仿水果和天然香氣的濃縮，屬人造香料，味道較不易揮發，入皂時要注意是否會加速皂化。

Q12 添加精油入皂時，該如何調配以增加香氣的持久性？

A 精油入皂後大都不耐鹼，會受氫氧化鈉破壞，味道漸漸消失，所以在精油的選用上可挑選較有定香效果的精油來作搭配，例如：廣霍香、沒藥、乳香等；目前有業者針對手工皂研發出環保香氛，留香度相當持久，是非常棒的選擇，本書使用的香氣即是環保香氛加天然精油。

Q13 什麼是環保香氛？入皂的持香度會比一般精油好嗎？

A 業者 Miaroma 針對能讓手工皂定香且味道清新自然而設計的香味，香氛中含有「凝香體」、「原精」，這些本來就是持香度非常好的原料，像是鳶尾花根原精中的 Irone（像是岩蘭草系列的香氛中就含有此隻單體），雖然價格比起鳶尾花根原精更貴，但是少量使用即能讓木質類的香氣留香性良好，所以天然複方香氛入皂的持香度會比一般精油好。
在香氣也要講求環保的氛圍下，此款香氛不使用硝基麝香，不使用動物性來源香料，也不以苯二甲酸酯類當定香劑，是遵行 IFRA 法規的芳香產品。

Q14 花草浸泡油可否採用新鮮植物？

A 一般來說，DIY 玩家在環境與設備不足的狀況下比較不建議，但可依植物性質煮水、蒸餾或打成汁作為水相來入皂。
例如：新鮮香茅可以煮水、左手香可以打成汁。

Q15 花草浸泡油應該選用哪種油品？

A 穩定的液態油品，例如甜杏仁油、橄欖油、米糠油等皆可，冬天會固化的油品，例如椰子油、棕櫚油則較不建議。

Q16 修下來的皂邊要如何處理呢？

A 若有片壞的皂片或修下來的皂邊通常會捨不得丟棄，其實這些皂邊可再善加利用，賦予其新生命。修下來的小皂片可把她們集結起來作成皂中皂，也可搓成皂球串成一串，掛起來當洗手皂也都非常可愛。

Q17 如何製作皂串？

A 先將皂邊搓成球狀，準備長度適中的棉線並打個結，接著用圓頭鉤針穿過皂球鉤住棉線拉起，即成為可愛的皂球了。

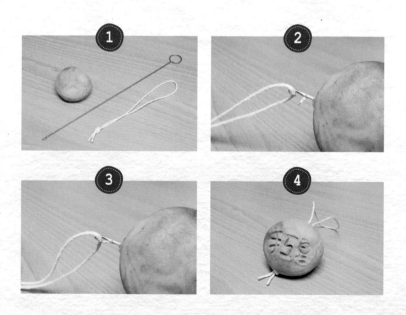

Q18 保不保溫有關係嗎？

A 製皂過程中除了油鹼計算與量秤正確，水分能完全把氫氧化鈉解離，充分攪拌均勻至 Over Trace 狀態才入模，是比保溫來得更重要的，所以寒流來臨也是可以打皂。本書內容是針對提高新手製皂成功率而設定的，所以通常會建議入保溫箱，當熟悉製皂規律後就可依自己的習慣來作調整了。

Q19 已損壞的帶柄線刀或波浪刀可如何運用？

A 線刀上的把手若因使用不當或年限已屆開始產生搖晃，可直接取下加上橫桿；波浪刀切片若不堪使用則可綁上鋼線，即又成為很好用的切皂線刀了。

線刀	波浪刀

改裝前 · 改裝後

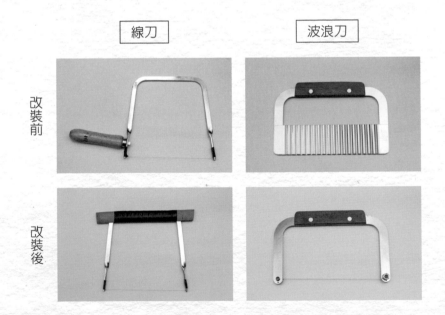

Q20 母乳皂或渲染皂可作捲捲皂或馬賽克皂嗎?

A 可以,不論是母乳皂、半乳皂、羊奶皂、豆漿皂等皆行。渲染皂體作出的捲捲皂也是別有一番風情。至於家事皂或高比例的椰子油皂所呈現的皂體都過硬,不利於片皂。遇到皂體太硬時,若強行片皂,線刀很容易斷掉喔!

Q21 何時操作捲皂或馬賽克皂最恰當?

A 最佳時機是油鹼結合穩定後及皂體尚未硬化時。這部分沒有確切的數據,因為每批油脂的成分未必完全一樣,而且製皂的外在條件也一直是個變數(包括濕度與溫度);通常在脫模後七天內都是有可能的,甚至二十天後的皂也可以,但是這段時間不可以晾皂,以免皂體變硬,以上條件也會隨著油品、添加物及外在環境有所不同。

通常冷油、冷鹼的皂體,油鹼反應比較慢,需等待三天後皂體的 Q 度才會顯現出來,這才有利於操作喔!

Q22 操作捲皂為何片皂時皂片會厚薄不一, 或是發生中間斷掉的情況?

A 通常有二個原因:
1. 拿線刀的手不夠穩,使線刀其中一端離開桌面,基準就位移了,如此一來皂片就會呈現不平的狀況。

2. 皂體不夠平整,工作墊下有紙屑或皂體與工作墊間有皂屑或小皂塊沒有注意到,都會影響其平整性,甚至桌面凹凸不平都是原因之一。

黛麗莎手工皂材料

❋ 營業項目 ❋

❋ 手工皂材料銷售
❋ 皂模/土司矽膠模
❋ 精油/香精
❋ 保養品材料
❋ 寬大師溫灸器經銷

❋ www.shop2000.com.tw/Soap

門市 804 高雄市鼓山區明華路110號
營業時間：周一至周六10:00-19:00

07-5229171　0922-954734

 h1055　　 teresa1055

大元板

國家圖書館出版品預行編目 (CIP) 資料

南和月的手工皂提案：30 款獨具匠心的創皂
手法 / 南和月著 . -- 初版 . -- 台中市：晨星，
2017.02
　　面；　公分 . -- (自然生活家；28)
ISBN 978-986-443-208-0(平裝)

1. 肥皂

466.4　　　　　　　　　　105021021

自然生活家O28

南和月的手工皂提案－ 30 款獨具匠心的創皂手法

作者	南和月
主編	徐惠雅
執行主編	許裕苗
版型設計	許裕偉
封面設計	季曉彤
攝影	許裕偉、魏妤安

創辦人	陳銘民
發行所	晨星出版有限公司
	407 台中市西屯區工業 30 路 1 號 1 樓
	TEL：04-23595820　FAX：04-23550581
	行政院新聞局局版台業字第 2500 號
法律顧問	陳思成律師
初版	西元 2017 年 2 月 23 日
	西元 2018 年 9 月 6 日（三刷）

總經銷	知己圖書股份有限公司
	（台北公司）106 台北市大安區辛亥路一段 30 號 9 樓
	TEL：02-23672044 / 23672047　FAX：02-23635741
	（台中公司）407 台中市西屯區工業 30 路 1 號 1 樓
	TEL：04-23595819　FAX：04-23595493
	E-mail：service@morningstar.com.tw
	網路書店 http://www.morningstar.com.tw

讀者專線	04-23595819 # 230
郵政劃撥	15060393（知己圖書股份有限公司）
印刷	上好印刷股份有限公司

定價 380 元
ISBN 978-986-443-208-0

Published by Morning Star Publishing Inc.
Printed in Taiwan

◆ 讀者回函卡 ◆

以下資料或許太過繁瑣，但卻是我們了解您的唯一途徑，
誠摯期待能與您在下一本書中相逢，讓我們一起從閱讀中尋找樂趣吧！

姓名：_____　性別：□ 男　□ 女　生日：　　／　　　　／

教育程度：_____

職業：□ 學生　　　　□ 教師　　　　□ 內勤職員　　　□ 家庭主婦
　　　□ 企業主管　　□ 服務業　　　□ 製造業　　　　□ 醫藥護理
　　　□ 軍警　　　　□ 資訊業　　　□ 銷售業務　　　□ 其他_____

E-mail：（必填）_____　　聯絡電話：（必填）_____

聯絡地址：（必填）□□□_____

購買書名：南和月的手工皂提案－ 30 款獨具匠心的創皂手法_____

· 誘使您購買此書的原因？

□ 於 _____ 書店尋找新知時　□ 看 _____ 報時瞄到　□ 受海報或文案吸引

□ 翻閱 _____ 雜誌時　□ 親朋好友拍胸脯保證　□ _____ 電台 DJ 熱情推薦

□ 電子報的新書資訊看起來很有趣　□對晨星自然 FB 的分享有興趣　□瀏覽晨星網站時看到的

□ 其他編輯萬萬想不到的過程：_____

· 本書中最吸引您的是哪一篇文章或哪一段話呢？_____

· 您覺得本書在哪些規劃上需要再加強或是改進呢？

□ 封面設計_____　　□ 尺寸規格_____　　□ 版面編排_____

□ 字體大小_____　　□ 內容_____　　□ 文／譯筆_____　　□ 其他_____

· 下列出版品中，哪個題材最能引起您的興趣呢？

台灣自然圖鑑：□植物 □哺乳類 □魚類 □鳥類 □蝴蝶 □昆蟲 □爬蟲類 □其他_____

飼養＆觀察：□植物 □哺乳類 □魚類 □鳥類 □蝴蝶 □昆蟲 □爬蟲類 □其他_____

台灣地圖：□自然 □昆蟲 □兩棲動物 □地形 □人文 □其他_____

自然公園：□自然文學 □環境關懷 □環境議題 □自然觀點 □人物傳記 □其他_____

生態館：□植物生態 □動物生態 □生態攝影 □地形景觀 □其他_____

台灣原住民文學：□史地 □傳記 □宗教祭典 □文化 □傳說 □音樂 □其他_____

自然生活家：□自然風 DIY 手作 □登山 □園藝 □農業 □自然觀察 □其他_____

· 除上述系列外，您還希望編輯們規畫哪些和自然人文題材有關的書籍呢？_____

· 您最常到哪個通路購買書籍呢？□博客來 □誠品書店 □金石堂 □其他_____

很高興您選擇了晨星出版社，陪伴您一同享受閱讀及學習的樂趣。只要您將此回函郵寄回本社，
我們將不定期提供最新的出版及優惠訊息給您，謝謝！

若行有餘力，也請不吝賜教，好讓我們可以出版更多更好的書！

· 其他意見：_____

晨星出版有限公司 編輯群，感謝您！

請填妥後對折裝訂，直接投郵即可，免貼郵票。